神一样的早餐妈

365天不重样，365天给孩子爱的惊喜

郑娟◎著

广东旅游出版社
GUANGDONG TRAVEL & TOURISM PRESS
悦读书·悦旅行·悦享人生

中国·广州

图书在版编目（CIP）数据

神一样的早餐妈 / 郑娟著. – 广州：广东旅游出版社, 2016.5
ISBN 978-7-5570-0371-5

Ⅰ. ①神… Ⅱ. ①郑… Ⅲ. ①食谱 Ⅳ.①TS972.12

中国版本图书馆CIP数据核字(2016)第069274号

出 版 人：刘志松
责任编辑：贾占闯
封面设计：刘红刚
装帧设计：谢晓丹
责任技编：刘振华
责任校对：李瑞苑

出版发行：广东旅游出版社
地址：广州市越秀区建设街道环市东路338号银政大厦西楼12楼
邮编：510180
邮购电话：020-87348243
广东旅游出版社网站：www.tourpress.cn
深圳市希望印务有限公司印刷
（深圳市坂田吉华路505号大丹工业园A栋二楼）
开本：889毫米×1194毫米　　1/24
印张：7⅓
字数：117千字
版次：2016年5月第 1 版
印次：2016年5月第 1 次印刷
印数：1-4000册
定价：35.00元

序言

Chapter 01

1 发面食物好消化：暄软的包子和馒头

Chapter 02

29 那些"花招"频出的饼们

Chapter 03

55 香浓香浓的面条好美味

Chapter 04

69 北方的饺子，南方的馄饨

Chapter 05

85 米饭造型百变大咖秀

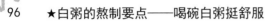

Chapter 06

95 **最养胃的是粥，最暖心的也是粥**

Chapter 07

113 **让汤羹滋养身体的每一个角落**

Chapter 08
129 五分钟就能做好西式早餐

Chapter 09
151 早餐配菜及其他

爱的早餐 伴你成长
神一样的早餐妈之爱心寄语

那年9月，当我的宝贝儿背上书包踏进学校大门的那一刻，我久久地注视着他的背影，想起龙应台的话："所谓父母子女一场，只不过意味着，你和他的缘分就是今生今世不断地在目送他的背影渐行渐远……"担心孩子能否适应校园生活，担心孩子在学校会不会饿着，营养够不够。

孩子所在的学校下午5点半才放学，学校里只提供午餐，而且学生不能带任何食物进学校。所以，早上这顿饭就至关重要。有时晚上睡前会和孩子讨论一下第二天的早餐，给出几个方案让孩子选择，不刻意每天都准备孩子爱吃的，一般是根据家里的食材稍稍花点心思合理搭配，同时考虑到家庭其他成员的口味。早上的时间比较紧张，于是给孩子实行了分盘制，久而久之，孩子吃饭的速度也加快了，改掉了挑食偏食的坏习惯。

记得有一次带孩子去旅游，酒店提供的自助早餐非常丰盛，同行的几个孩子都只挑自己喜欢的食物和饮料，并且取了很多，而我家孩子不紧不慢地端来一盘，蛋、肉、面包和蔬菜不多不少，还有一盒酸奶。很欣喜这几年坚持的早餐原则，在潜移默化中让孩子形成了健康营养的生活习惯，也通过饮食学会了包容与理解。

孩子身体发育正处于快速增长期，饮食要营养多样化。吃得过少，孩子早上10点以后会感到饥饿，课堂上就会注意力不集中；单一营养过量，孩子又会出现肥胖症，影响身体的正常发育。翻阅过很多营养类书籍，我认为优质的满分早餐应该包括以下几个方面。

一、淀粉类食物。淀粉对胃有保护作用，也能增加饱腹感。含淀粉类的食物有：米、面、各种杂粮，以及土豆、红薯、山药、芋头等。

二、蛋白质。蛋白质是身体发育、新陈代谢的重要成分，适合早上食用的蛋白质来源为奶、蛋、瘦肉、鱼类、豆类等。

三、水果或蔬菜。水果和蔬菜富含膳食纤维，能提供身体所需的多种元素；如果早上制作蔬菜比较麻烦，那么水果是很好的替代品。不必纠结早上吃水果对身体好不好，只要没有肠胃疾病，吃了身体没有不适，那么水果完全可以在早上食用。

四、如果能加上坚果、种子类果仁那就更好了。果仁能为身体提供维生素E及多种矿物质。

早餐要吃这么多种类，做起来会不会太麻烦？能吃完吗？要怎么搭配才合理？我将自己记录的一些早餐与妈妈们分享。时间仓促，水平有限，希望能给大家带来一些指导和借鉴，也谢谢大家能够多多包容指正。

最后，希望大家都能坚持为家人、为孩子做早餐，让爱的早餐陪伴孩子们健康成长！

郑娟

2015年5月11日

Chapter 01

发面食物

好消化

暄软的

包子和馒头

烹饪工具 蒸锅、煎锅

发面团的制作

· 原料图

■ 原料

面粉300g，干酵母3g，水140ml。

■ 做法

1.将干酵母倒入约30℃的温水中熔解，静置3分钟，以激发酵母的活性。

2.面粉倒入大碗里，将溶化好的酵母水缓缓倒入，用筷子搅拌成絮状，用手将面絮揉成团，揉至"三光"——面光、手光、盆光（图1、图2、图3）。

3.在揉好的面团上盖湿布或保鲜膜，放在温暖的地方发酵至2倍大小。发好的面团内部组织成蜂窝状（图4、图5）。

4.将发好的面团放到撒了干粉的案板上再次排气，揉光滑。分割成小份，揉成团，即可做成任意形状。

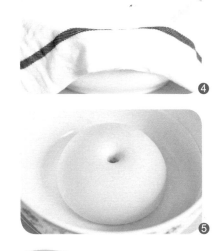

④

⑤

发面注意事项

1.酵母最适合的生长温度是20℃~30℃，超过45℃生长会受到抑制，所以发面时一定要注意温度适宜。

2.夏天面团在常温下发酵即可。

3.天气冷的时候，可将面团放在烤箱内，烤箱最下层的烤盘里注入开水，关上烤箱门。

4.大锅里烧半锅热水，把面盆架空，盖上锅盖即可。

5.如果不想让面团发酵太快，可将揉好的面团放入冰箱，在5℃的环境里只需要10小时左右。

二次发酵

做好造型的面坯放入蒸锅里，需要二次醒发。二次醒发一般放在蒸锅里，盖上锅盖放置15~30分钟。

如果天气冷，可将蒸锅置于炉灶上，开火半分钟后关火，靠锅里微量的热气醒发。

二次发酵好的面团不要再次用手去碰或者移动。

菜肉大包子 家的味道最温馨

有菜有肉的包子当早餐最省心不过了，1个包子里包含了面粉、肉类和蔬菜，早餐需要的营养基本都齐全了。如果你还在为早餐吃什么而发愁的话，就吃个包子喝杯奶或豆浆吧。

· 包子

难度指数：★★★　　菜系分类：北方主食
营养指数：★★★★★　原料来源：超市，菜市场
入口指数：★★★★　　烹饪工具：蒸锅
耗时：1小时

■ 原料

发面团600g（面粉400g，水约210ml），猪肉、胡萝卜、香菇、卷心菜、葱、姜等适量。包子饺子调料1包，菜籽油、盐、生抽等。

■ 做法

1.猪肉切小丁，加盐、生抽抓匀，这期间将其他蔬菜切碎，葱、姜切末，加入拌好的肉馅（图1、图2、图3）。

2. "包子饺子料"
用温水调和，放置2
分钟后加入馅料里，
加适量菜籽油拌匀。
再加入生抽、鸡精、
盐等，盐要在包之
前放，以免蔬菜出水
（图4、图5、图6）。

3. 将发酵好的面团排气、揉光滑，搓
成长条，分割成小剂子（图7、图8），
将小剂子分别揉圆，用手按扁，擀成中间
厚周围薄的包子皮，左手托住包子皮，馅
料放在中间，右手沿边打褶子，包成包子
（图9~图12）。

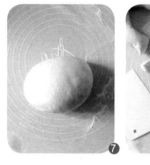

4. 将包子生坯放入刷了油的蒸屉，再
次发酵20分钟，开大火，视包子大小蒸
10~20分钟，关火焖3分钟后开盖（图13、
图14）。

小贴士

1.和面时可用牛奶代替水，面团要和得稍软一些，皮擀薄一些。

2.猪肉要三肥七瘦，用刀切的肉比搅肉机搅的更好吃。

3.馅料可以随意放，豆腐粉条等都可以加。

4."包子饺子料"里面的配料是花椒、胡椒、川椒、大茴、小茴、草果、丁香、砂仁、良姜、桂皮等，如果没有，可用五香粉代替。

5.做包子比较费时，可以趁休息日一次多做一些，蒸熟凉凉后装保鲜袋冷冻保存，吃时无需解冻，直接放在蒸锅上隔水加热5～10分钟，跟刚做出来的口感是一样的。

早餐搭配：

菜肉大包子＋蚝油芦笋＋红豆薏米汤＋蒸南瓜＋开心果＋蓝莓干

做法：

1.红豆薏米汤有祛除体内湿气、清热排毒的功效。可以将红豆和薏米前一晚泡在水里，第二天加足量水，大火煮开，中火再煮20分钟即可；也可以用电饭锅的预约功能预约，这样节省不少时间。

2.蒸锅里加水先将芦笋焯熟，再加热包子，同时放几块南瓜一起蒸。

3.焯熟的芦笋淋一些生抽或蒸鱼豉油，也可以挤上沙拉酱等食用。

菜肉大包子＋奶酪西兰花＋水果＋南瓜银耳露

做法：

　　1.前一晚将干银耳泡发撕小朵，南瓜去皮切块。早上再次将银耳清洗干净，与南瓜一起入豆浆机，选择"米糊"功能。

　　2.锅里加水先焯熟西兰花，不要倒掉水，直接加热包子，其间切点水果。

炒蔬菜＋紫薯米糊＋菜肉大包子＋榛子＋香蕉

做法：

　　1.前一晚将紫薯切好，大米洗干净一起放入豆浆机，加适量的水，早上起来启动"米糊"功能，约需20分钟完成；

　　2.在此期间加热包子，同时另起炒锅炒蔬菜。蔬菜也可以前一晚洗好切好放入冰箱冷藏。

菜肉大包子＋蔬菜汤＋煮玉米＋猕猴桃

做法：

　　1.早上起来，给锅里加水煮玉米，上面架上蒸屉同时加热包子；

　　2.另起一小锅加水烧开，将小番茄对半切开放入锅中，加少许盐煮7至8分钟，加入小青菜煮熟，淋香油调味。

杂粮粥＋大包子

做法详见p.4"菜肉大包子"。

南瓜包&南瓜馒头&南瓜玫瑰馒头 尖叫吧，南瓜君

南瓜发面团

■ 原料

面粉300g，南瓜150g，酵母2g，鲜奶油/牛奶适量。

■ 做法

1. 南瓜去皮切片，上锅蒸熟（图1、图2）。

 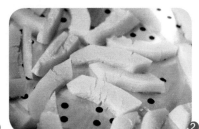

2. 蒸好的南瓜放在大碗里捣成南瓜泥，想要更细腻也可以使用料理机打成泥（图3）。

3. 在温热的南瓜泥里加入面粉、干酵母、鲜奶油揉成团，发酵至两倍大小（图4、图5、图6）。

小贴士

南瓜和奶油搭配起来绝对好吃，如果没有鲜奶油，可换成牛奶；还可将南瓜泥换成紫薯泥。

南瓜馒头

■ **原料**

南瓜发面团一份。

■ **做法**

将发酵好的南瓜面团排气，揉匀，分割成小块，再次滚圆，放入蒸屉二次发酵，大火蒸10～15分钟，闷3分钟，即可出锅食用（图1、图2、图3）。

果仁小刺猬南瓜包

■ 原料

南瓜发面团一份，核桃、花生、芝麻、红糖等。

■ 做法

1. 将核桃花生芝麻烤熟，用擀面杖碾碎，与红糖混合，即果仁馅料。

· 原料图

①

②

2. 将面团分割成小份，擀成包子皮，包入馅料，捏紧收口，把收口朝下，用手整形成椭圆形，用剪刀在包子皮上斜着剪出刺，用黑芝麻做眼睛（图1、图2、图3、图4、图5）。

③

④

⑤

⑥

3. 将包好的刺猬包放入蒸屉，二次发酵后，大火烧至上汽，中火蒸10~15分钟，关火闷3分钟即可（图6）。

南瓜玫瑰馒头

❼

■ 原料

南瓜发面团一份。

■ 做法

1.将面团排气揉光滑后分割成小面团，每5个小面团做两个玫瑰花馒头（图1）。

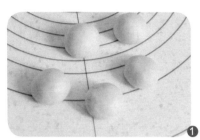

❶

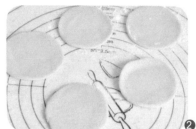

❷

2.将小面团揉圆，擀成面片，将5个错开叠在一起（图2、图3），自上向下卷起来，用筷子在中间压一条线，再用刀切开（图4、图5、图6）。

❸

❹

3.将切开的面卷竖起来，用手给花瓣整形（图7）。

如果将5个面片换一种叠法，做出来的花是另一种造型（见图A、图B）。

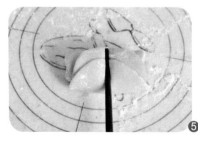

❺

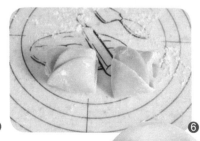

❻

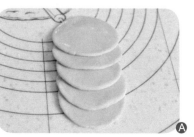

Ⓐ

Ⓑ

南瓜发糕

■ 原料

南瓜300g，面粉200g，白糖10g，水80ml，干酵母3g，红枣/葡萄干适量。

· 原料图

■ 做法

1. 南瓜去皮，切薄片蒸熟（图1）。将南瓜放入大碗，加白糖，用筷子搅成南瓜泥凉凉（图2）。

2. 温水中加酵母化开，静置3分钟（图3）。

3.南瓜糊里加入面粉，倒入酵母水，用筷子搅拌成糊状，水不要一次性倒完，要根据南瓜的吸水性不同适量添加（图4、图5）。

❶

❷

❸

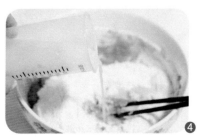

❹

4. 模具底部及四周抹一层油，将搅拌好的面糊倒入，放在温暖的地方发酵至2~3倍大小，表面点缀红枣或葡萄干（图6）。

5. 蒸锅里放足够的水，将4放入蒸架上，大火上汽中火蒸25分钟，关火后闷5分钟再打开锅盖，取出后倒扣凉凉（图7）。

小贴士

南瓜发糕可前一晚蒸好，倒扣到第二天早上，如果气温高，可放冰箱冷藏；切南瓜发糕时，先把刀用凉水冲一遍，切时不会粘刀。

早餐搭配：

南瓜发糕＋煎培根芦笋＋牛奶＋樱桃＋杏仁

南瓜发糕＋鸡蛋番茄西兰花沙拉＋核桃红枣米糊＋山竹＋奶酪（核桃红枣米糊做法见P.116）

奶黄包&豆沙包

甜食控的最爱

（附奶黄馅及豆沙馅的制作）

奶黄馅 ❾

■ 原料

鸡蛋约10g，糖100g，牛奶100g，玉米油50g，小麦淀粉50g。

■ 做法

1.大碗磕入鸡蛋，加糖充分混合均匀，至糖融化，再加入牛奶，混合均匀（图1、图2）。

2.加入小麦淀粉快速搅至无干面粉及面粉结块，再加入玉米油混合（图3、图4、图5）。

3.把大碗放入蒸锅里蒸20分钟，其间每隔5分钟取出来搅拌一次，直到凝固为止（图6~图9）。

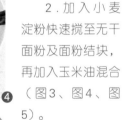
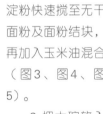

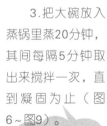

小贴士

玉米油换成黄油会更香。

奶黄包

■ 原料

发面团300g，奶黄馅适量。

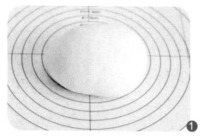
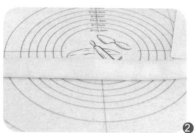

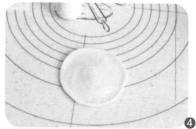

■ 做法

1. 发面团再次揉光滑，搓成条，分割成小份，分别揉成团（图1、图2、图3）。

2. 将面团擀成中间厚边上薄的包子皮，包上奶黄馅，捏紧收口，收口倒过来朝下，用双手再次滚圆（图4、图5、图6、图7）。

3. 垫上油纸，二次发酵后蒸10~15分钟，闷3分钟即可（图8）。

早餐搭配：

杂粮粥＋全麦奶黄包＋白灼芦笋＋
香葱炒蛋＋丑柑

奶黄包＋拌萝卜丝＋煮蛋＋蔓越莓
麦片粥＋猕猴桃＋混合坚果

做法：

1.香葱炒蛋：鸡蛋充分打散后，加入
香葱碎、盐、胡椒粉，热锅凉油，倒入蛋
液，等凝固后翻炒，出锅。

2.煮杂粮粥比较费时，可用电饭煲预
约。

做法：

拌白萝卜丝：白萝卜去皮切粗丝，放
开水中焯熟，加生抽、盐、葱花，浇上热
的花椒油拌匀。

麦片粥做法见本书P.110。

豆沙馅

■ 原料

红豆400g，白砂糖50～100g，玉米油30ml，水适量。

■ 做法

1.红豆洗干净，入
高压锅加800ml水，选
择"豆类"功能；如果
用普通锅，先将红豆浸
泡4小时，再加水煮至
红豆软烂（图1）。

2.煮好的红豆沥去水分，放入不粘锅，开小火，一边翻炒，一边用铲子压碎（图2、图3）。

3.分3次分别加入白糖和油，全程用小火翻炒。直至豆沙变得细腻（图4、图5、图6）。

早餐搭配：

豆沙包＋秋葵蒸蛋＋拌蔬菜＋杂粮粥＋坚果＋奶酪

小贴士

1.如果想要更细腻的豆沙，可以将红豆放入料理机打碎再炒。

2.如果豆沙用来做馅料，可以适当增加糖量。

蜜汁叉烧包
香味醇厚的广式风味

■ 原料

发面团1块，叉烧肉（叉烧肉做法见下图、文）适量。

难度指数：★★★　　菜系分类：南方早点
营养指数：★★★★★　原料来源：菜市场
入口指数：★★★★★　烹饪工具：蒸锅、炒锅
耗时：1.5小时

·原料图

■ 做法

1.猪肉300g切成小块，加两大勺叉烧酱拌匀，密封好，放入冰箱冷藏15~24小时（图1~图4）。

2.腌好的肉再次拌匀，放在不粘锅里，小火收去水分，凉凉待用（图5、图6）。

3.发好的面团揉匀，搓成条状，切割成小份，再次揉

❶

❷

❸

❹

❺

❻

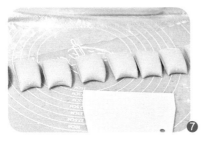

圆，擀成包子皮（图7~图9）。

4.给包子皮上放上叉烧肉，沿包子边打褶包起来，依次将所有的包好，码在蒸笼里（图10~图15）。

5.盖上锅盖，二次发酵15~30分钟，开大火，蒸15分钟，关火焖3分钟，即可开盖食用（图16）。

小贴士

为了使叉烧包的皮更松软，制作发面团时可用牛奶和猪油代替部分水，加面粉量5%的糖。

早餐搭配：

叉烧包＋梨藕汤＋炒蔬菜

梨藕汤做法见本书P.122。

生煎包
下面的焦黄更可口哦

❻

难度指数：★★★	菜系分类：南北方早点
营养指数：★★★★★	原料来源：菜市场
入口指数：★★★★★	烹饪工具：煎锅
耗时：1.5小时	

■ 原料

发面团1块，猪肉、虾肉各100g，葱、胡椒粉、盐等适量。

■ 做法

1.猪肉和虾肉剁碎，加料酒、盐、生抽、胡椒粉、香葱碎拌匀（图1、图2）。

❶

❷

2.将面团排气分割成小份，做成包子（参照叉烧包做法）。

3.平底锅倒少许油烧热，隔2个手指宽的距离放入包子，小火煎至底部微黄时，倒入半杯水，约为包子高度的三分之一，盖上锅盖，大火将水烧开，转小火，煎10分钟左右。如果此时锅里还有水分，开中火收干（图3、图4、图5）。

4.撒上芝麻和葱花，盖上锅盖，闷1分钟后开锅即可（图6）。

小贴士

1.做生煎包，最好选用厚底的平底锅，这样不容易底部糊了而馅没熟。

2.因为发面需要时间，所以可前一晚将面团和好，放入冰箱冷藏发酵。

3.馅料也可以前一晚准备好放冰箱冷藏。

早餐搭配：

生煎包＋黄瓜＋牛奶＋桃

豆渣馒头 & 豆渣窝窝头 & 豆渣蔬菜饼

巧用豆渣做主食

豆渣馒头

早上经常用豆浆机打豆浆喝，相比机器制豆浆，家用豆浆机过滤出的豆渣更为细腻，那么过滤出的豆渣该怎么利用呢？

《世界日报》曾推荐过"豆渣馒头"，这种粗粮馒头含有人体所需要多种营养和矿物质，亚健康的现代人的确应该多食。用几种口味的豆渣都做过，口感比普通白馒头丰富多了。这次打的豆浆是红枣核桃豆浆，含有枣皮和核桃渣，所以颜色较暗。

难度指数：★★★	菜系分类：北方主食
营养指数：★★★★★	原料来源：超市，杂粮店
入口指数：★★★★	烹饪工具：蒸锅
耗时：1小时	

■ 原料

豆渣1小碗（1200ml豆浆过滤的渣），面粉适量，奶粉10g，发酵粉3g。

■ 做法

1.过滤出的豆渣趁温热时加入发酵粉搅拌均匀，加入适量面粉、奶粉用筷子搅拌成絮状，用手捏成团，醒10分钟后揉成光滑的面团（图1～图4）。

2.将面团盖上保鲜膜，发酵至1.5倍大小，用手在面团中间按个洞，不会回缩即表示面发好了（图5~图6）。

3.发酵好的面团倒扣在洒了干面粉的操作板上，用手揉使其排气，分割成若干大小相等的面剂子。用掌心扣住面剂子，在操作板上轻轻转几圈，将面团滚圆，成馒头坯，或搓成长条，用刀切成若干段，成刀切馒头（图7~图10）。

4.整形好的馒头胚立即放入刷过油的蒸笼（或垫笼布），再次醒发，醒发时间为冬天30分钟、夏天15分钟（图11）。

5.锅里放水，架上蒸笼，大火烧开，根据馒头大小用中火蒸10~15分钟，关火后不要立即打开锅盖，闷3分钟再打开锅盖（图12）。

馒头的保存

　　馒头常温或冷藏可保存3天，如果一次蒸得比较多，可凉凉后装入保鲜袋冷冻保存，吃的时候回温解冻，直接放入蒸锅或微波炉再次加热。

豆渣窝窝头

■ 原料

豆渣、玉米面、糖、奶粉。

■ 做法

1.打豆浆过滤出的豆渣加入适量玉米面、糖、奶粉团成柔软的面团。加了玉米面的面团没有筋性，是松散的，玉米面的量根据豆渣的水分慢慢加入（图1～图4）。

2.手揪一团面，放在手心里团成团，再用大拇指压个洞，整出窝头的形状（图5～图9）。

3.将窝头坯放在铺了油纸的蒸屉上，大火蒸10～15分钟（图10）。

早餐搭配见本书P.127"肉末蒸蛋"。

豆渣蔬菜饼

■ 原料

1.打豆浆过滤出的豆渣、西葫芦、胡萝卜、鸡蛋、面粉等。

2.泡打粉、盐、胡椒粉、植物油等适量。

早餐搭配：

豆渣饼＋煎西葫芦＋煮玉米＋蜂蜜水＋红西柚＋猕猴桃

■ 做法

1.过滤出的豆渣里加入切丝的蔬菜、鸡蛋、少许面粉、泡打粉、盐等搅成糊状（图1）。

2.平底锅烧热倒少许油，舀一勺豆渣面糊倒入锅里，待一面凝固焦黄后翻面烙另一面（图2）。

小贴士

1.加入了泡打粉的饼更加松软，最好使用无铝泡打粉，泡打粉的用量为干粉量的0.2%左右。

2.可以将豆渣加至温热，用干酵母代替泡打粉，搅拌好的豆渣糊糊需要放置约20分钟，以激发酵母活性。

3.可不加泡打粉和干酵母，将鸡蛋打散加入豆渣里。

葱油花卷
咸香适口人人爱

难度指数：★★★	菜系分类：北方早点、主食
营养指数：★★★★★	原料来源：菜市场
入口指数：★★★★★	烹饪工具：蒸锅
耗时：1.5小时	

■ 原料

发面团一块，香葱、植物油、五香粉、盐等。

·原料图

■ 做法

1.发面团放在撒了干粉的案板上，排气、揉光滑，醒5钟后用擀面杖擀成长方形（图1、图2）。

2.给面片上刷一层油，均匀地撒上葱花、五香粉、盐，然后卷起来（图2、图3）。

3.把卷好的面卷切成4~5厘米宽的面卷，把两个面卷叠起来，用筷子在中间压一条深深的痕迹（图4、图5）。

①

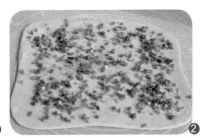
②

③

④

4.依次做好所有花卷，码在蒸锅上，盖上锅盖，二次发酵15分钟（图6）。

5.开大火，等上汽后转中火，蒸10~15分钟，关火闷3分钟即可出锅。

小贴士

1.也可以将葱花换成芝麻酱等。

2.蒸好的花卷可放冰箱冷冻保存，吃的时候蒸锅加热10分钟。

早餐搭配：

花卷＋拌菠菜＋牛奶＋小番茄

做法：

菠菜焯水后，加芝麻、芝麻油、盐等拌匀。菠菜根营养丰富，小的嫩菠菜可以不用去根。

芝麻酱花卷＋胡萝卜拌甜豆＋蒸蛋羹＋香蕉＋蓝莓

做法：

蒸蛋羹做法见本书P.125"蒸蛋羹"，蒸时放一棵荠菜。

葱花火腿花卷＋蒸山药＋奶酪拌菠菜＋玉米汁＋苹果

做法：

　　菠菜焯水后与"安拉"油浸发达奶酪一起拌匀，淋一些油汁。汁子里本身含有盐及香料，就不用再另外调味了。

　　玉米汁：将新鲜玉米剥成粒后与牛奶、水一起放入豆浆机，使用"玉米汁"功能，榨汁后滤去渣。

香葱火腿花卷＋拌菠菜＋蒸蛋＋苹果＋花生核桃酪

做法：

　　花生核桃酪：花生与核桃浸泡后洗干净，放入豆浆机加水打成糊。

香葱花卷＋麻酱拌豇豆＋杂粮粥＋蒸蛋＋李子

做法：

　　芝麻酱用凉开水稀释，加盐、醋拌匀。豇豆切段在水里煮熟，捞出后淋上芝麻酱。

　　蒸蛋：取一小碗，在碗内刷一层油，磕入鸡蛋，同花卷一起上锅蒸熟，淋生抽、醋调味。

香葱花卷＋西兰花炒肉片＋鸡蛋醪糟＋坚果＋柚子

做法：

　　前一晚将肉切成片，加盐、淀粉抓匀放冰箱冷藏，第二天早上热锅炒熟，加入焯熟的西兰花、胡萝卜翻炒调味。

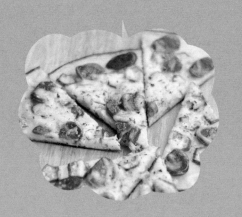

Chapter 02

那些

『花招』频出

的饼们

烹饪工具 煎锅

蔬菜饼 & 西葫芦蛋饼
千变万化的各式蔬菜饼

通常前一晚绞尽脑汁都不知道第二天早餐该吃什么的时候，就会想到蔬菜饼。翻出冰箱里能用得上的食材，洗净切好，放到保鲜盒里，再放回冰箱冷藏，就安心地睡觉去了。各种蔬菜和鸡蛋肉类混合在一起，维生素蛋白质淀粉类全齐了。而且，非常的简单方便，即使厨房新手也是零失败。

蔬菜饼

难度指数：★	菜系分类：北方小吃
营养指数：★★★★★	原料来源：菜市场
入口指数：★★★★★	烹饪工具：平底锅、电饼铛
耗时：10～20分钟	

· 原料图

■ 原料

切碎的胡萝卜、青菜、香肠和芝麻、虾皮适量，鸡蛋2个，面粉、水适量。

调味料：盐、胡椒粉。

■ 做法

1.前一天晚上将各种蔬菜肉类切碎放到大碗里，盖保鲜膜放冰箱里冷藏。

❶

2.从冰箱里取出装蔬菜的大碗,加面粉、鸡蛋、调味品顺一个方向用力搅成糊状。如果蔬菜和面粉比较多,面糊就较稠,这时加入适量的水,搅成如图2的糊状。

3.平底锅烧热,刷一层油,舀一勺面糊,转动锅,使面糊平摊开来,可借助铲子勺子等工具将其抹平(图3)。

4.小火煎至面糊凝固、底部焦黄,把面饼翻过来,再煎另一面,直至煎熟。翻面后也可盖上锅盖,产生的水蒸气会让饼更软,而且易熟(图4)。

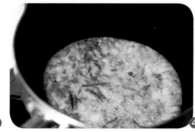

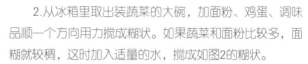

小贴士

1.做饼时其他原料都可以随意替换,但是鸡蛋一定不能少,因为鸡蛋里的蛋白会使饼蓬松,面糊要顺着一个方向多搅拌几次,这样做出来的饼才松软可口。

2.如果家里有电饼铛,做这个饼会更加方便快捷。

早餐搭配:

蔬菜饼+牛奶+甜瓜+杏仁

蔬菜蛋饼卷香肠

胡萝卜蛋饼＋糖拌牛油果＋南瓜汤＋苹果＋坚果

蔬菜蛋饼夹奶酪＋黑芝麻糊＋香肠＋杏仁

蔬菜蛋卷＋香肠＋麦片粥＋西瓜汁＋樱桃

蔬菜玉米蛋饼＋黑芝麻糊＋杏仁

西葫芦蛋饼

西葫芦蛋饼营养丰富，而且很软，很适合给刚刚添加辅食的小朋友吃，当然，大一点儿的孩子也很喜欢。

■ 原料

西葫芦一根，鸡蛋一个，面粉适量。

■ 做法

1. 西葫芦擦成细丝，加入鸡蛋、面粉、盐、胡椒粉等顺一个方向搅拌成糊，西葫芦会出水，所以面粉的量要逐渐添加（图1～图5）。

2. 平底锅烧热，倒少许油，转动锅使油均匀，倒入面糊，摊平，小火煎至底部金黄，翻过来再煎另一面（图6、图7）。

早餐搭配：

西葫芦蛋饼＋蓝莓山药＋紫薯奶昔＋苹果＋杏仁

西葫芦蛋饼＋香肠＋香蕉草莓＋米糊

西葫芦蛋饼＋红枣核桃花生浆＋小番茄

西葫芦蛋饼＋培根炒甜豆＋枸杞小米粥＋西瓜＋杏仁

· 原料图

培根菠菜奶酪烘蛋饼
异域风情的诱惑

■ 原料

培根、马苏里拉奶酪、菠菜、鸡蛋。

调料：盐、胡椒粉、香草碎。

难度指数：★★	菜系分类：主食、小吃
营养指数：★★★★★	原料来源：超市，菜市场
入口指数：★★★★★	烹饪工具：平底锅
耗时：10分钟	

■ 做法

1.菠菜拦腰切断，入沸水中煮1分钟后捞出控干水分以去除菠菜里的草酸，不用特意挤干水分（图1）。

2.培根切小块与鸡蛋加少许盐、胡椒粉再一起打散（图2）。

3.平底锅烧热，不用倒油，开中小火，放培根煎至变色（图3、图4）。

4.转小火，铺上焯好的菠菜，倒入打散的蛋液，待蛋液半凝固时，撒上奶酪丝，盖上锅盖（图5、图6、图7）。

5.小火煎约3分钟至蛋液凝固，奶酪熔化。撒上香草碎，即可出锅（图8）。

小贴士

1.菠菜可换成其他绿叶蔬菜。

2.培根可换成腊肠、火腿等，里面可以加熟金枪鱼肉、洋葱、番茄等。

3.烘蛋可蘸番茄酱等喜欢的一切酱料。

早餐搭配：

培根菠菜奶酪烘蛋＋混合果干燕麦粥＋苹果

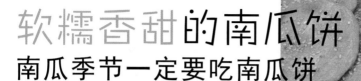

软糯香甜的南瓜饼
南瓜季节一定要吃南瓜饼

难度指数：★★　　　　菜系分类：小吃

营养指数：★★★★　　原料来源：菜市场

入口指数：★★★★★　烹饪工具：煎锅

耗时：20分钟

■ 原料

南瓜去皮蒸熟，糯米粉适量。

■ 做法

1.取小半碗蒸熟的南瓜捣成泥（图1）。

2.在南瓜泥里加入糯米粉，用筷子搅拌，揉成团（图2、图3）。

3.取1小团南瓜面团，放在手心里拍扁，粘上熟芝麻（图4、图5、图6）。

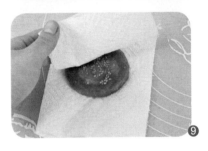

4.平底锅烧热，倒适量油，把南瓜饼坯放入，小火煎至两面金黄（图7、图8）。

5.用厨房纸巾吸去多余的油，即可装盘食用（图9）。

小贴士

1.南瓜饼含大量糯米粉，糯米粉不好消化，所以不宜食用过多。

2.南瓜饼面团可前一晚做好，放入冰箱冷藏。

3.生南瓜饼坯可用保鲜膜分隔起来冷冻保存，随吃随煎。

4.南瓜饼里也可以包上豆沙馅，做成南瓜豆沙饼。

早餐搭配：

南瓜饼＋虾仁蔬菜粥＋猕猴桃

虾仁蔬菜粥做法见本书P.99。

青椒牛肉卷饼
牛肉与青椒的亲密接触

难度指数：★★★　　　菜系分类：早餐主食

营养指数：★★★★★　　原料来源：菜市场

入口指数：★★★★★　　烹饪工具：平底锅

耗时：30分钟

■ 原料

面粉、青椒、牛肉、生菜、盐、酱料等。

· 原料图

■ 做法

1.面粉里加入开水、凉水和成面团（开水与凉水的比例为7：3），盖保鲜膜醒5分钟（图1）。

2.取两份同样大小的面团揉圆，按扁，1个抹上油，再压上另1个，用手按扁，再用擀面杖擀薄，成生面饼（图2、图3、图4）。

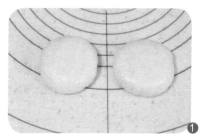

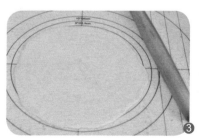

3.平底锅烧热，刷油，放上生面饼，小火烙至两面焦黄。烙的过程中盖上锅盖，以保持饼的湿软（图5）。

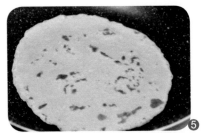

4.锅烧热，倒少许油，将腌好的牛肉丝、青椒炒熟（图7、图8）。

5.烙好的饼从中间分层，夹上生菜、青椒牛肉，抹上喜欢的酱料，卷起来（图6、图9、图10）。

小贴士

1.牛肉最好选牛里脊肉，即牛柳，最为鲜嫩。

2.牛肉切丝后要加盐、料酒、胡椒粉、蛋清、油、淀粉等抓匀，腌制10分钟以上，这样炒出来的牛肉才会嫩。

3.牛肉可前一晚腌制放冰箱冷藏。

早餐搭配：

青椒牛肉卷饼＋鸡蛋醪糟＋李子

青椒和牛肉绝对是很好的搭配，如果不能吃辣，就将青椒换成菜椒。

生菜牛肉卷饼＋小米粥＋草莓 ＋核桃

小米含有多种维生素、氨基酸、脂肪、纤维素和碳水化合物，营养价值非常高，是老幼皆宜的健康食物。可单独熬粥，也可以与大枣、枸杞、红豆、红薯等一起熬成口感各异的粥。

生菜牛肉卷饼：牛肉前一晚切条，加盐、料酒、生抽、淀粉抓匀冷藏，早上起来热油锅快速翻炒，凉至温热时与生菜一起卷入饼里。

苦菊火腿卷饼＋杂粮粥＋橘子

做法：

烙好的薄饼上放上火腿片，摆上苦菊卷起来即可。火腿有咸味，所以苦菊就不用调味了。

苦菊又名"苦苣"或"狗牙生菜"，具有抗菌消炎、清热明目的作用。北方的冬天室内极其干燥，所以可以适量食用一些苦菊。

生菜牛肉卷饼＋黑芝麻糊＋腰果＋ 香蕉

自制芝麻糊：

芝麻用锅小火炒熟凉凉，糯米粉放入锅里（锅里不放油）用小火炒至微黄。

糯米粉与芝麻一起放入料理机打成粉。吃的时候冲入开水，搅拌成糊状。

彩椒牛肉卷饼＋核桃花生浆 ＋荔枝

核桃花生浆：

核桃50g，花生50g，泡一晚上后，清洗干净放入豆浆机，加1200ml水，选择"米糊"功能。

秋葵腊肠薄煎饼
随手拈来的美味

很多网站上流行晒"是日早餐"，即早上家里有什么吃什么。早餐不像中餐晚餐刻意去买菜，前一晚打开冰箱看看家里有什么食材，搭配好，第二天花一点时间就是一顿早餐了。

某天，从冰箱翻出这些食材，于是就诞生了"薄煎饼"。

难度指数：★★	菜系分类：主食、小吃
营养指数：★★★★	原料来源：菜市场
入口指数：★★★★★	烹饪工具：煎锅
耗时：15分钟	

■ 原料

面糊：面粉80g，鸡蛋1个，温水120ml，糖5g，盐1g，发酵粉1g。

配菜：熟腊肠1根，秋葵4根，奶酪、混合香草适量。

·原料图

■ 做法

❶

❷

1.用40℃的温水化开发酵粉，倒入面粉中，加鸡蛋、糖、盐充分搅拌均匀，静置10分钟以上（图1）。

2.小火加热平底锅，刷油，将面糊倒入平底锅，迅速摆上切片的秋葵和腊肠，盖上锅盖，用最小的火煎10分钟左右（图2、图3）。

3.撒上奶酪丝，盖锅盖，继续小火，煎至奶酪熔化，底部焦黄，撒香草碎，出锅（图4、图5）。

早餐搭配：

秋葵腊肠薄煎饼＋红糖小米粥＋煮玉米＋香蕉＋混合坚果

红糖小米粥：

小米粥煮好后加入红糖搅散，再煮1~2分钟。早上食用具有暖胃的功效。

土豆丝饼&番茄丸子汤

土豆控们的最爱

很多孩子都喜欢吃土豆，我家儿子也不例外，只要土豆做的菜都非常喜欢，简直就是"土豆控"。

土豆含丰富的维生素及多种微量元素，易于被人体消化吸收，又因含大量淀粉，所以可以作为主食食用。

这道土豆丝饼比较焦脆，咬着咔嚓作响，又香又脆，再配一碗番茄丸子汤食用，这顿早餐不论是从营养还是味觉上都是非常完美的。

早餐搭配：

土豆丝饼＋番茄丸子汤＋红提

难度指数：★★	菜系分类：北方主食
营养指数：★★★★★	原料来源：菜市场
入口指数：★★★★★	烹饪工具：煎锅、汤锅
耗时：15分钟	

土豆丝饼

■ 原料

土豆1个，面粉适量。

· 原料图

■ 做法

1.土豆去皮擦成丝，拌上面粉，用筷子抖开，让土豆丝上均匀地沾上面粉（图1、图2、图3）。

①

2.平底锅烧热油，把拌好的土豆丝捏成随意形状，铺在锅里，小火，两面煎至金黄（图4、图5）。

3.装盘，撒上椒盐即可食用。

番茄丸子汤

■ 原料

小番茄、蘑菇、肉丸、青菜适量。

■ 做法

小番茄对半切开，蘑菇切片，与丸子一起放到汤锅里，加适量水烧开，煮5~6分钟后加入小青菜煮熟，加盐调味。

小贴士

1.因为肉丸是炸过的含油，所以这个汤不放油直接煮，如果用的是其他丸子，可将小番茄先煸炒一分钟再加水。

2.一个锅煮汤，一个锅煎饼，同时进行以节省时间。

3.也可将拌好的土豆丝全部铺在锅里，煎成一个饼，再切开。

4.土豆丝饼也可以蘸自己喜欢的酱料。

葱花饼&芝麻酱饼&果仁红糖饼
经典的手撕饼

葱花饼是北方人家餐桌上常见的一种面食，常分为发面饼和烫面饼，发面饼口感松软，容易消化，适合老人和小孩子吃；烫面饼方便省时，烙好后外酥里嫩，宜热吃，但不易消化，一次不要食用太多。

难度指数：★★★	菜系分类：北方主食、小吃
营养指数：★★★★★	原料来源：菜市场
入口指数：★★★★★	烹饪工具：平底锅、电饼铛
耗时：20分钟	

发面葱花饼

■ 原料

发面团（发面团做法见本书第2页"发面团的制作"）1块，香葱碎1小碗，油、盐、五香粉等适量。

·原料图

■ 做法

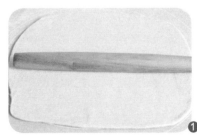

❶

❷

1.发面团放在操作台上擀成长方形，刷一层油，均匀地撒上葱花、盐、五香粉等，从一边卷起来（图1、图2、图3、图4、）。

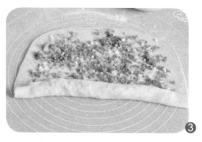

2.把卷好的面卷稍微用手拉长，然后盘起来，用手按扁（图5、图6、图7）。

3.用擀面杖将其擀薄，放入刷了油的平底锅里，小火烙至两面金黄（图8~图11）。

小贴士

1.撒葱花时将饼的边缘约1cm留空，以免卷的时候葱花外漏。

2.如果饼擀的时候破了，油漏出来了，可在上面撒些干面粉。

3.面团可提前做好放冰箱冷藏。

4.也可以多做一些饼坯（图7），放冰箱冷冻，早上不用解冻，直接放锅里煎熟。

烫面葱花饼

■ 原料

面粉200g，水约100ml（开水70ml，凉水30ml），香葱、油、盐、五香粉适量。

■ 做法

1.面粉放入大碗里，冲入开水，用筷子搅拌得比较黏（图1），留30%的干面粉，加凉水搅拌（图2），用手团成团（图1、图2、图3）。

2.这时面团比较粘手，也不够光滑，盖上湿布，静置10分钟（图3）。

3.操作台上撒干粉，手上也抓一些干粉，将面团取出，揉成光滑的面团（图4）。

4.烫面面团没有韧性，所以很容易擀开，擀成长方形，刷一层油，撒上切碎的葱花、五香粉、细盐，卷起来（图5、图6）。

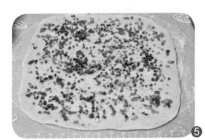

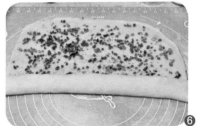

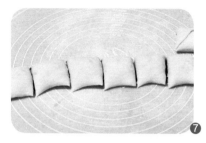

5.把卷好的面卷切成小剂子，竖起来，把切面收口捏紧，按扁，擀成合适的大小（图7~图10）。

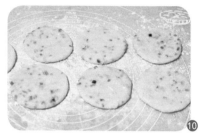

6.平底锅烧热，再倒少许油烧热，放入饼坯，小火烙至底面微微上色后翻面（图11）。

7.盖上锅盖，小火慢烙，其间多次翻面，以使饼受热均匀，烙至两面金黄即可（图12、图13）。

还可以用同样的做法做成芝麻酱饼、果仁红糖饼。

芝麻酱饼

■ 原料

芝麻酱、盐（如果芝麻酱较稠，可加少许水或油调和，芝麻酱本身含油，所以面团擀开后不用刷油）。

· 原料图

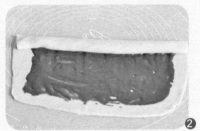

果仁红糖饼

■ 原料

核桃仁、黑白芝麻碎、红糖。

■ 做法

核桃仁芝麻烤或炒熟，用擀面杖碾碎，与红糖拌匀。

· 原料图

早餐搭配：

烫面葱花饼＋香菇鸡肉粥＋香蕉＋
混合坚果

香菇鸡肉粥做法见本书P. 104。

芝麻酱红糖饼＋拌西兰花梗＋牛奶
＋火龙果

做法：

西兰花梗营养丰富，丢掉太可惜了，
撕掉外面的一层厚皮，在水里煮熟，拌上
生抽、盐、芝麻油。

葱花饼＋白灼菜心＋橙子＋牛奶

做法：

1.平底锅刷油烧热，放入未解冻的葱
花饼，小火煎至两面金黄。

2.菜心放开水里烫熟，捞出装盘。取
一小碗将生抽、糖、盐、醋、芝麻油、凉
开水等调成汁，浇到菜心上。

腊汁肉夹馍 "中国汉堡包"

"肉夹馍"一词源于古汉语，为"肉夹于馍"的意思，后来人们为了方便顺口，将其间的"于"省略掉，就变成了肉夹馍。

肉夹馍的馍叫"白吉馍"，是源于陕西的一个名叫白吉镇的地方，据说那里的面粉做出来的饼最为好吃。

肉夹馍讲究的是肉烂汤浓，肥而不腻，瘦而不柴；饼要外焦里嫩，酥软香醇。其实在家自制也不难，只要按以下步骤，你也能做出好吃的肉夹馍！

早餐搭配：

腊汁肉夹馍＋拍黄瓜
＋鸡蛋醪糟

■ 原料

猪肉800g，炖肉料1包，冰糖、料酒、盐、生抽、老抽、大葱、姜适量。

· 原料图

■ 做法

1. 猪肉用清水浸泡2小时，洗净切大块（图1）。

2. 锅里烧开水，放入肉块，倒少许料酒，将肉焯水后捞出（图2）。

❶

❷

③

④

3.另起锅加清水，放入焯好的肉块和炖肉料，加生抽、老抽、冰糖、姜、盐等大火烧开，视肉块大小，小火慢炖1.5~2.5小时，如果有放葱段，在1小时后捞出（图3、图4）。

4.炖好的肉在原汤中浸泡一夜更加入味。

小贴士

1.炖肉料也可以用桂皮、香叶、八角、肉桂、橘皮、甘草、丁香、砂仁、小茴香等代替。

2.炖肉的汤不要倒掉，可以放冰箱保存，作为下次炖肉的"老汤"。

白吉饼（肉夹馍外层）

■ 原料

普通面粉300g，水170ml，发酵粉3g，盐1g，食用碱1g（可不放）。

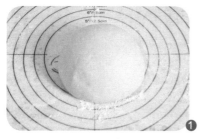
①

②

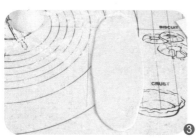
③

④

■ 做法

1.发酵粉用30℃的温水化开，静置3分钟后倒入面粉中，和成光滑的面团，发酵至两倍大小，再次揉光滑（图1）。

2.将面团分成等量的小剂子，分别揉圆松弛5分钟，擀成长条状卷起来，也可以左右对折后卷起来（图2~图4）。

3.将卷好的面卷竖起来按扁，

擀成圆形饼坯，醒5～10分钟（图5）。

4.平底锅烧热不放油，放入饼坯，小火慢烙，其间多次翻面烙至熟。烙饼时可盖上锅盖，作用是保温使其快熟，饼皮也会稍软（图6～图8）。

5.取一块肉放案板上剁碎，将烙好的饼从中间划开，夹入肉，浇点炖肉的汁趁热吃（图9、图10）。

6.也可以在肉里同时夹些青椒、香菜等，口感更加丰富。

小贴士

1.使用平底锅烙饼时，一定要用小火，以防饼皮糊了而饼内未熟。

2.可以使用电饼铛来烙饼，更加方便快捷。

3.如果掌握不好火候，可以使用平底锅将饼正反面各烙2分钟后，放入200℃的烤箱烤10分钟。

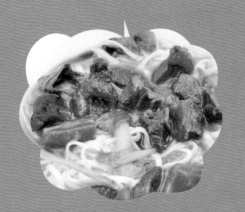

Chapter 03

香浓香浓
的面条
好美味

烹饪工具 汤锅、炒锅

普通手擀面&彩色手擀面
手工面条的制作

普通面条

■ 原料

面粉300g，盐1g，水150ml。

■ 做法

1.把盐溶入水中，面粉倒在大碗里（图1）。

2.将淡盐水缓缓冲入面粉中，同时用筷子翻拌成面絮，将面絮揉成光滑的面团（图2~图5）。

3.盖上湿布或保鲜膜，将面团醒15~20分钟（图6）。

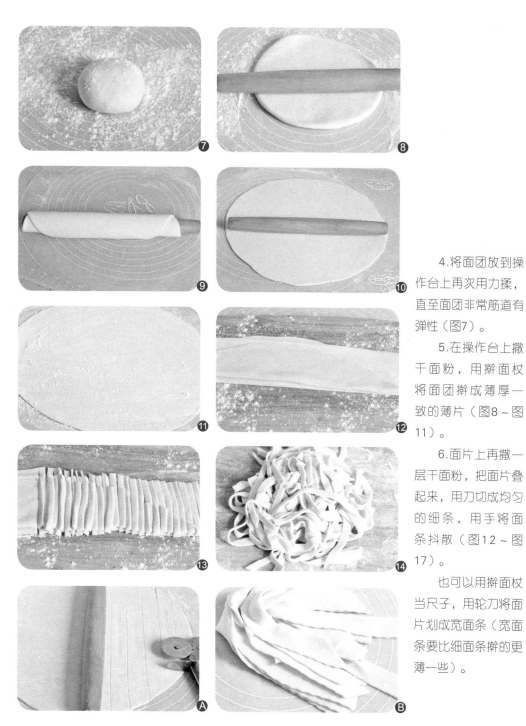

4.将面团放到操作台上再次用力揉，直至面团非常筋道有弹性（图7）。

5.在操作台上撒干面粉，用擀面杖将面团擀成薄厚一致的薄片（图8~图11）。

6.面片上再撒一层干面粉，把面片叠起来，用刀切成均匀的细条，用手将面条抖散（图12~图17）。

也可以用擀面杖当尺子，用轮刀将面片划成宽面条（宽面条要比细面条擀的更薄一些）。

彩色手擀面

■ 原料

面粉300g，胡萝卜、紫甘蓝、菠菜、鸡蛋等适量，盐1g。

· 原料图

■ 做法

1. 将蔬菜切碎，放入料理机，加少许清水打成汁；鸡蛋直接搅成蛋液（图1、图2、图3）。

2. 菜汁用纱布过滤掉渣。

3. 将蔬菜汁或鸡蛋液代替水，冲入面粉中，用筷子翻拌成面絮，揉成光滑的面团（图4、图5）。

4. 其他步骤同普通面条3~6。

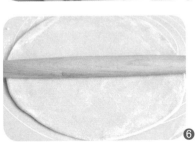

面条的保存

1. 新鲜的面条可撒少许干面粉抓匀，放在冰箱冷冻室速冻保存。冷冻的面条煮的时候水要多，火要大，以防粘住。

2. 可将面条在太阳底下晒干后保存。

香菇肉丁炸酱面&炸酱做法
越吃越香的炸酱面

难度指数：★★　　　　　菜系分类：北方主食

营养指数：★★★★　　　原料来源：菜市场

入口指数：★★★★★　　烹饪工具：炒锅、汤锅

耗时：40分钟

炸酱做法

■ 原料

猪肉切丁250g，香菇2朵，胡萝卜半根，葱、姜适量，大酱1包。

■ 做法

·原料图

1.猪肉丁加姜末、葱末、盐、料酒及少量生抽拌匀放置10分钟（图1）。

①

②

③

④

2.将香菇、胡萝卜切丁（图1）。

3.锅烧热，倒入比炒菜多两倍的油烧热，加入腌好的肉丁炒至变色，加入香菇和胡萝卜丁继续翻炒，至香菇和胡萝卜变软，加入大酱包（图2～图6）。

4.转小火，不停翻炒，至汁变浓稠，即可出锅（图7～图8）。

5.做好的酱可冷藏保存两周。

· 原料图

香菇肉丁炸酱面
（普通面条A）&（菠菜面B）

■ 做法

普通面条A

早上一个锅煮面，另外一个锅同时加热一份肉酱。面煮好捞出，浇上肉酱，拌匀即可。

菠菜面B

菠菜面做法见本书P. 58"彩色手擀面"做法。

红烧牛腩面&红烧牛腩做法

家里的牛腩面也很好吃

难度指数：★★★　　　菜系分类：北方主食

营养指数：★★★★★　原料来源：菜市场

入口指数：★★★★★　烹饪工具：炒锅、汤锅

耗时：1.5小时

红烧牛腩

■ 原料

牛腩500g，胡萝卜2根，姜、蒜适量，陈皮或干山楂2块，生抽、老抽、盐、糖适量。

■ 做法

1.牛腩切成约2cm×2cm的小块，胡萝卜切块，姜切片，葱切粒（图1）。

2.将牛腩冷水下锅，待烧开后，撇去浮沫，捞出牛腩块，倒掉水（图2、图3）。

3.锅烧热，倒少许油，下蒜片炒香，倒入焯好水的牛腩，翻炒至牛腩变色，倒入料酒、老抽、生抽、糖，翻炒均匀（图5、图6）。

4.给锅里冲入足量温水，放入陈皮或干山楂，盖上锅盖，大火煮开，小火慢炖约半小时，加入切块的胡萝

卜，继续炖半小时（图6）。

5.后面半小时要注意搅拌，防止糊锅。不要把汤汁收干，汤汁可以用来拌面，味道很香浓（图7）。

小贴士

1.山楂和陈皮可使牛腩更软烂，药店及中药铺都有售。

2.用几滴白酒代替料酒，炖出来的牛肉更清香。

3.炖好的牛腩放冰箱冷藏可保存两周左右，如果想保存更久，可以冷冻保存。

红烧牛腩面（汤）

■ 原料

挂面一小把，熟牛肉块适量，青菜适量。

·原料图

■ 做法

锅里烧水，水开后入挂面同煮。因为挂面比较耐煮，所以等两次煮开后，加入红烧牛肉块，煮至快熟时，加放青菜。出锅后加盐、醋等调味。

鱼圆面&鱼圆做法
温州旧时光的味道

　　每个地方都有自己独特的让人挥之不去的美食记忆，对于温州，我最怀念的就是鱼圆面。

　　曾在温州工作生活过10年，最喜欢吃的就是鱼圆，煮好的鱼圆连原汤浇在一碗圆滚滚细细长长的面条上，就可以当一餐饭了。

　　鱼圆面看似寡淡，一青二白，朴朴素素的一碗，但是当舀起一勺汤放进嘴里时，那浓淡相宜的鲜味儿就立刻溢满唇齿之间，再吃鱼圆，发现鱼圆颇有筋道，弹性十足。温州的鱼圆不是圆的，是不规则的条状。

　　温州有一家卖鱼圆的连锁店，营业时间到凌晨，有时候加班回来晚了，看里面也是灯火通明，有人坐在桌子前一边翻着报纸杂志，一边默默地吃着面条。这种场景，对于都市夜归人，特别是离家千里的游子来说，着实是一种温暖的抚慰。

　　走进店里，对店员说，要一碗鱼圆面。透过玻璃，看到厨房的大锅立马冒出热气，煮面师傅一个锅煮面，同时熟练地把鱼圆拨到另一个大锅里。面码到碗里，浇上煮好的鱼圆，服务员连着一小碟香菜和咸菜端过来，辛劳了一天的身体被这碗热腾腾的鱼圆面安顿下来。

　　后来有了儿子。儿子小的时候，常常带他混迹于市区大大小小的公园、游乐场，饿了、累了，又不在饭点儿，就带他去吃一碗鱼圆面，孩子喜欢这个鲜味儿，没有刺的鱼肉孩子可以大口放心地吃下去。

　　对了，吃鱼圆面，醋、白胡椒粉是少不了的。如果能再加一小碟香菜和咸菜，那就再美味不过了！

鱼圆面

早餐搭配：

鱼圆面＋南瓜饼＋红提
（南瓜饼做法另见本书P.37）

难度指数：★★★★	菜系分类：沿海小吃、主食
营养指数：★★★★★	原料来源：海鲜市场
入口指数：★★★★★	烹饪工具：汤锅
耗时：40分钟	

■ 做法

1. 鱼肉去骨去刺，连皮一起切成条状加葱姜末反复抓匀。这一步很关键，直接决定鱼丸是否筋道（图1、图2）。

2. 等鱼肉变得粘手时，加入4g盐，白胡椒粉，继续抓揉至很粘、有韧性的时候，加入淀粉，继续抓揉至完全看不到干淀粉。这就是生鱼圆（图3、图4）。

3. 锅里加水烧开，转小火，用手或筷子将生鱼圆拨进锅里，等鱼圆全部浮上水面，就煮好了（图5、图6、图7）。

4. 另起锅煮面条，煮好的面条捞在大碗里，倒入煮好的鱼圆及汤，加醋和白胡椒粉调味。

■ 原料

新鲜鮸鱼肉400g，淀粉80g，盐4g，葱、姜、白胡椒粉适量。

· 原料图

❶

❸

❹

❺

❻

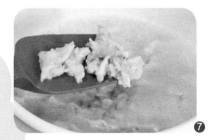❼

小贴士

1. 鱼宜选海鱼，鮸鱼最好，如果买不到，马胶鱼或海鲈鱼都可以。

2. 请卖鱼的师傅将鱼肉取出，鱼头鱼骨可以烧汤。

3. 第一步的鱼肉可以切成条状，也可以剁成泥。

4. 如果一次做得多，直接将生鱼圆冷冻保存，下次吃时先解冻再煮。

培根炒乌冬面 上班族冰箱必备面条

很多孩子都喜欢吃炒面，好吃的炒面应该是香而不腻，有嚼劲。冰箱里备些乌冬面，早上做快手炒面最合适不过了。

難度指数：★
营养指数：★★★★
入口指数：★★★★★
耗时：10分钟
菜系分类：南方、北方主食、小吃
原料来源：超市、菜市场
烹饪工具：炒锅

■ 原料

培根2片，乌冬面1包，青菜一小把，胡萝卜半根，大蒜两瓣。

·原料图

■ 做法

1.将培根、胡萝卜和大蒜切小片（图1）。

早餐搭配：

培根炒乌冬面＋牛奶＋提子＋坚果

❶

❷

2.热锅倒少许油，放大蒜片炒香，倒入培根炒至培根变色出油，再依次倒入胡萝卜、青菜翻炒（图3、图4、图5、图6）。

3.炒菜的同时取一大碗，放入乌冬面，冲入开水，搅散（图2），烫约1分钟后，直接捞出放入炒锅里一起翻炒，此时加些生抽与盐拌匀，翻炒约3分钟，面条微微发黄即可出锅（图7~图10）。

番茄蘑菇虾仁意面
美味营养的西餐面

儿子喜欢吃意大利面，周末一家人在外面吃了顿西餐，儿子说装意面的盘子大，但量太少，几口就吃完了，根本不过瘾，所以儿子昨天晚上就问我今天早餐能不能吃意面。我想这还不简单，家里正好有原料，就做了这款简单又经典的意式料理。今早儿子吃得心满意足地去上学了。

难度指数：★★★　　　菜系分类：意式料理
营养指数：★★★★★　原料来源：超市
入口指数：★★★★★　烹饪工具：炒锅、汤锅
耗时：20分钟

■ 原料

意大利细面条一把，洋葱半个，小番茄8个，蘑菇2朵，虾4个，柠檬半个，西兰花1朵，意粉调味酱适量，胡椒碎、橄榄油、盐适量。

· 原料图

■ 做法

1.锅里烧适量开水，放入意面，加盐和橄榄油煮10分钟，最后两分钟放入西兰花同煮。

2.虾解冻，去壳及虾线，洋葱切碎，番茄切块，蘑菇切片（图1）。

3.炒锅倒两大勺橄榄油，下洋葱小火煸炒至洋葱变软（图2、图3）。

4.开中火，放入虾仁、番茄及蘑菇炒熟，加入意面酱炒匀（图4、图5、图6）。

5.加入煮好的面条略炒，挤上柠檬汁（图7、图8）。

如何煮意大利面

1.煮意大利面条需要足够的水，100g面条大约需要800ml水。

2.水开时再放入面条，放的时候尽量将面条散开，搅拌一下，转小火，保持沸腾状态。

3.加入1小勺盐和1小勺橄榄油，不仅让面条有咸味，不易黏住，而且色泽更鲜艳。

4.煮至面条没有白心即可，不要煮得过熟。

5.煮好的面条如果不直接烹调，最好拌一点油，这样面条不会因丧失水分而变得干硬。

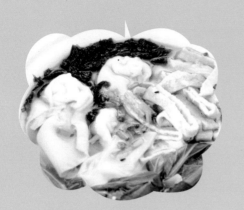

Chapter 04

北方的**饺子**

南方的

馄饨

烹饪工具 汤锅、煎锅、蒸锅

饺子皮的调制

■ 做法

1.将300g中筋面粉倒入大盆里，一边缓缓倒入约150ml的水，一边用筷子不停地快速翻拌。用手揉成团，直至"三光"，盖上湿布，醒20分钟，也可用面包机或厨师机代替手工和面（图1、图2）。

2.醒好的面团放到撒了干粉的案板上，用力再次揉至光滑有弹性。用手指在中间抠一个洞，转着圈，将面团揉细，切断，放在案板上搓光滑（图3~图5）。

3.面团搓到有一元硬币切面那么粗时，撒些干面粉，左手将面团上下转动，切成约2cm宽的面剂子（图5、图6、图7）。

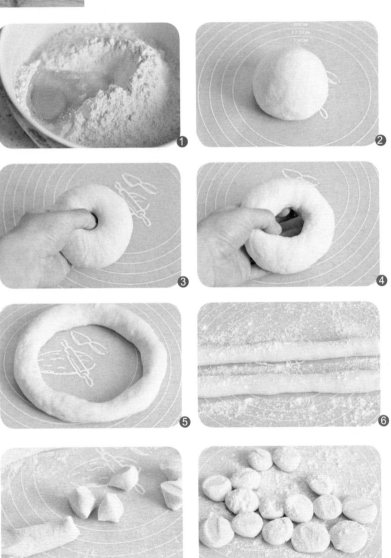

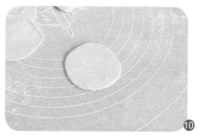

4.将面剂子用手捏正，按扁，用擀面杖擀成饺子皮。

5.市售的饺子皮添加了淀粉和高筋面粉，所以能擀很薄都不烂，为了能多包点菜，也可将十张饺子皮叠在一起，用擀面杖擀薄（图8~图10）。

6.可以在和面时加入鸡蛋，这样饺子皮更筋道而且煮时不容易粘锅；也可用蔬菜汁代替水和成面团，做成彩色饺子皮，既好看又营养。

饺子馅的调制

素饺子馅的调制

■ 做法

常见的素馅饺子除了韭菜、芹菜、香菜、荠菜、白菜等蔬菜之外，再添加一些木耳、胡萝卜、玉米粒、香菇、豆腐干、鸡蛋等增加其鲜香的口感。调素馅饺子时将其所有原料剁碎，以盐、芝麻油、生抽等调味。

调制素饺子馅时，盐要最后放，对于易出水的蔬菜，要先用手挤去部分水分。

纯肉饺子馅的调制

■ 做法

纯肉饺子一般以猪肉、牛肉、羊肉、虾肉、鱼肉等剁碎作馅，通常加葱姜去除腥味并丰富其口感。肉馅的选择宜"三肥七瘦"。搅肉馅要顺着一个方向搅拌至上劲，并添加适量葱姜水或清水，这样做出来的馅鲜美多汁。

通常以猪肉＋大葱、虾肉＋少量猪肉、牛肉＋大葱、羊肉＋猪肉＋大葱等为馅。

菜肉饺子馅的调制

■ 做法

菜肉饺子是指馅料里含蔬菜与肉类。先将剁碎的肉加调味品顺一个方向搅拌至富有黏性，再加入蔬菜拌匀。也可以加一些蛋液或蛋清使馅软嫩可口。

常见的味道浓郁的肉馅饺子有：猪肉＋韭菜；猪肉＋芹菜；猪肉＋酸菜；猪肉＋茴香；牛肉＋韭黄等。当然肉馅是可以加任何蔬菜的。我们家早餐常吃的饺子就加了很多种类蔬菜，如胡萝卜、香菇等。这样给孩子吃饺子时就不怕营养单一了。

剩余的饺子馅处理方法

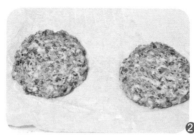

剩余的饺子馅拍扁成肉饼，放在平底锅里煎熟。如果当时不吃，可将生的肉饼放在油纸或保鲜膜上，存入冰箱冷冻室冷冻。

也可以抓在手心里，从虎口挤出成肉丸，放在油锅里炸，直接吃，或者加些青菜煮成汤。

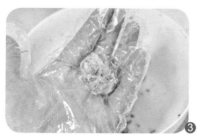

如果剩余的饺子馅太软，可在馅里加适量面包糠、馒头渣或面粉，顺一个方向搅拌均匀再煮食。

饺子的包法
花边饺子

■ 做法

1.饺子皮放左手心，中间放上馅，对折合拢，把边儿捏紧捏薄。

2.从一头开始，大拇指和食指用力按压饺子皮的边。

3.向上折一个小角，捏牢固，紧接着再折出一个褶皱来，直至全部折完，把最后一个角收到饺子背面。

①

②

③

④

如何煎饺子

平底锅烧热，倒少量油，烧至五成热，把饺子码入锅里，小火煎约两分钟，至饺子底部焦黄，倒入水量约为饺子高度三分之一的淀粉水（淀粉与水比例2∶1），盖上锅盖，中火煎约10分钟。关火，撒上香葱末，盖上锅盖闷半分钟。

褶皱半月饺子

①

■ 做法

馅料放入饺子皮中间，将皮稍微合拢，从一头先捏紧，把外侧的皮打

个褶，跟内侧的皮捏紧，依次全部打褶子捏紧。

普通饺子

■ 做法

饺子的包法很多，只要不露馅，都是好饺子。馅放皮中间，对折合拢，捏紧边儿，再用两手把边往中间收。

饺子的保存

煮好的饺子最好第二天就吃完，如果要长期保存，可将生饺子放入冷冻室，吃时取出，无需解冻，直接煮或煎。

元宝饺子

如何煮饺子

锅里加适量水烧开，捏一小撮盐撒到水里，再缓缓放入饺子，把勺子反扣沿锅底推开饺子，盖上锅盖。等水烧开，加半碗凉水，盖好锅盖，等再次煮开，饺子全部浮上水面，就说明熟了。如果饺子较大，可再加一次凉水煮开。

煮好的饺子用漏勺捞出来，如果需要放到下餐，可过一遍凉水，这样饺子皮就不会粘在一起。

■ 做法

饺子馅放皮中间，馅不要太多，对折合拢，把两头稍微拉长，往中间收，捏紧。

柳叶饺子

■ 做法

馅料放饺子皮中间，先捏紧一个小角，再用大拇指和食指将面皮左一个褶子右一个褶子的一直捏到头。

煮、煎、蒸七种饺子的无敌搭配

元宝饺子＋苹果＋面汤

吃面要喝面汤，吃饺子当然也要喝饺子汤了。在饺子汤里扔一把青菜及小番茄，这样早餐的营养更加全面。

煎菜肉饺子＋丝瓜蛋汤＋混合坚果＋黑布林

■ 做法

前一晚煮好的饺子，第二天早上用平底锅加热。油煎的饺子有点腻，用当季的丝瓜煮汤是清甜的味道。配混合坚果及黑布林。

丝瓜蛋汤：丝瓜去皮切块，锅里加水烧开，倒入丝瓜煮约1分钟，将打散的鸡蛋液倒入锅中，以盐和芝麻油调味。

煮速冻饺子＋红豆薏米水＋芒果＋奶酪＋碧根果

　　周末有空的时候包一些饺子冻在冰箱，这样工作日的早晨就不会忙乱了，一边煮饺子，一边切点水果。红豆薏米汤水是祛湿气的良方，煮的时候可以多放些水，当茶喝。

生煎花边饺子＋红枣南瓜汤＋苹果

蒸饺＋红豆银耳露＋冬枣

　　沐浴在阳光里吃早餐，美好的一天又开始了。绿叶青菜和香菇、猪肉的组合，让早餐省不少心。秋高气爽的时节，冬枣上市了，也该喝点银耳露润润干燥的咽喉。

　　饺子皮是买的，包好的饺子码在蒸笼里，上锅蒸15分钟。

■ 做法

　　平底锅烧热，倒少量油，烧至五成热，把饺子（速冻饺子无需解冻）平铺在锅里，小火煎两分钟，直到饺子底部变黄。倒入半碗水，大概到饺子的二分之一处，盖上锅盖，开中火，煎七八分钟。这种饺子是扁平的，可以翻面再小火煎两分钟。

　　煎饺子的同时另起一锅烧开水，放入切块的南瓜和红枣煮约5分钟至南瓜软烂。

　　花边饺子的包法见本书P.74。

煎柳叶饺＋奶香玉米汁＋小番茄

■ 做法

　　水果玉米1根削成粒，放入豆浆机，加500ml清水，300ml牛奶，选择"玉米汁"功能，大概需要20分钟完成。在这期间，就闻着豆浆机里飘出的玉米的香味儿来煎饺子吧。

　　平底锅烧热，倒少量油，烧至五成热，把饺子码入锅里，中火煎约两分钟，至饺子底部焦黄，倒入水量约为饺子高度三分之一的淀粉水（淀粉与水比例2：1），盖上锅盖，中火煎约10分钟。装盘，撒芝麻香葱，淋上酱油醋汁。

- -

羊肉馅酸汤水饺＋黄瓜＋混合坚果

　　在陕西怎么能不吃辣？儿子小时候在南方生活，一滴辣都不能沾，回到陕西后很长一段时间不能适应在外面吃饭。生活久了，也慢慢练出来了，能吃一点辣。虽然我平时做饭很少放辣椒，但吃酸汤水饺，辣油是一定要放的。看着红红的一大片，其实不是很辣。

　　天凉了，暖气还没来，早上起来明显感觉冷风瑟瑟。吃一碗酸、辣、鲜、香的酸汤水饺，吃得舌尖过瘾，浑身冒汗。

■ 做法

　　煮饺子的同时，给碗里放上盐、醋、生抽、糖、辣椒油、香菜等，饺子第一次煮开时，舀一些饺子汤把碗里的调料冲开，等饺子煮熟后捞出饺子盛到碗里。

　　吃羊肉饺子，香菜是必不可少的。

胖鼓鼓的菜肉大馄饨

一个大馄饨里菜、肉、面都齐了。这样的早餐做起来既省心又省力。

早餐搭配：

煮菜肉馄饨＋南瓜银耳露＋番茄＋杏仁＋棒棒奶酪

南瓜银耳露做法见本书P.115。

■ 原料

猪肉馅250g，香菇6朵，胡萝卜半根，玉米粒一小碗，香葱一小把，盐、糖、生抽、植物油等调味料适量，馄饨皮适量。

·原料图

包馄饨

■ 做法

1.将所有原料切碎放入大碗里，加调味料顺一个方向搅拌均匀（图1、图2）。

❶

❷

2.取一张馄饨皮，把馅放在中间，对折捏紧，再次对折，对向捏紧（图3~图7）。

煮馄饨

■ 做法

锅里加水烧开，放入馄饨，煮开后加半碗凉水，等煮开后，再加一次凉水，第三次煮开，用漏勺捞出馄饨。

虾肉小·馄饨 小虾可爱又好吃

早餐搭配：

虾肉小馄饨＋花生酥＋坚果
＋柿子

■ 原料

A：猪肉100g，虾肉100g，鸡蛋一个，葱
姜、盐、胡椒粉等适量。

B：馄饨皮。

· 原料图

馄饨的包法很随意，因为馄饨皮里
含有淀粉，所以不管怎么包，煮的时候
馅都会粘在皮上。儿子两岁多的时候，
有一次我随手包了这个馄饨，儿子跑过
来趴在案板前说："金鱼馄饨！"儿子
说话晚，两岁多了还不大讲话，把人急
的啊，现在突然蹦出这么一句，真是让
人喜出望外。再后来，每次包小馄饨时
儿子要是在旁边，都会要求包这个拖着
长长尾巴的"金鱼馄饨"。

包馄饨

■ 做法

1.将猪肉和虾肉剁成泥，加入鸡蛋
及适量调味品顺一个方向搅拌均匀（图
1~图3）。

2.葱姜切碎，加水浸泡10分钟（图4）。

3.葱姜用纱布过滤，挤出汁，连同泡葱姜的水一同慢慢加入肉馅里，搅拌成馅（图5、图6）。

4.取一张馄饨皮，将馅料放在靠近一个角的地方，把这个角向对面折，用两手按住两边同时向内收紧（图7~图9）。

煮馄饨

■ 原料

馄饨12个，青菜一小把，鸡蛋一个，紫菜、虾皮、猪油、盐、糖等适量。

·原料图

■ 做法

1.锅里加水烧开，放入馄饨，煮开后加半碗凉水，一把青菜，等煮开，再加半碗凉水，等再次煮开（图2、图3）。

2.煮馄饨的同时，另起一平底锅摊个蛋饼，切成丝（图1、图4）。

3.碗里放紫菜、一小勺猪油，盐、糖；和馄饨同煮的青菜铺碗底，舀一勺汤冲开，捞出馄饨（图5、图6）。

Chapter 05

米饭造型

百变

大咖秀

烹饪工具　电饭锅、炒锅

蛋包饭 看动画片学做饭

早餐搭配：

蛋包饭＋煮西兰花＋小番茄＋山
药紫米糊＋混合坚果

有次儿子问我："妈妈，你会做蛋包饭吗？"

"蛋包饭，你在哪里见到的？"

"就是动画片里那种啊。"

"哦，那还不容易，我哪天给你做！"

这一许诺，过了不知道几个月了。有一天突然想起来，答应儿子的蛋包饭还没做呢。

正好家里有剩米饭，于是给孩子做了蛋包饭，小家伙看到特别欣喜，吃得意犹未尽。看着他一脸幸福的样子，觉得在做饭方面多花一点心思也是值得的。

山药紫米糊

■ 做法

铁棍山药去皮，切小块，与紫糯米、水一起放入豆浆机，使用"米糊"功能打成糊。

难度指数：★★	菜系分类：南北方主食
营养指数：★★★★	原料来源：菜市场
入口指数：★★★★★	烹饪工具：炒锅
耗时：15分钟	

■ 原料

剩米饭一碗，鸡蛋两个，洋葱、胡萝卜、黄瓜丁、火腿丁适量。

·原料图

■ 做法

1.锅里倒少许油，将蔬菜、火腿丁炒软，加入剩米饭翻炒均匀，适量生抽、盐、胡椒粉等调味，盛出备用（图1、图2）。

2.鸡蛋打散，平底锅烧热，刷一层油，倒入打散的蛋液，慢慢转动锅，使整个锅底都均匀地铺上蛋液，小火煎至蛋液凝固（图3）。

3.把炒好的米饭铺到蛋饼的一侧，这时调少许稍微浓一点的淀粉水（淀粉＋水），浇在蛋饼边缘上，把蛋饼对折起来，小火再煎半分钟，就可以装盘了（图4、图5、图6）。

4.吃的时候挤上番茄酱。

牛肉蛋炒饭
美味营养都不少

难度指数：★★	菜系分类：南北方主食
营养指数：★★★★★	原料来源：菜市场
入口指数：★★★★★	烹饪工具：炒锅
耗时：15分钟	

早餐搭配：

牛肉炒饭＋牛奶＋猕猴桃＋混合坚果

■ 原料

米饭一碗，牛肉一小块，鸡蛋一个，洋葱半个，胡萝卜半根，青椒一个。

■ 做法

1. 牛肉切小丁，加盐抓匀；蔬菜类切丁，鸡蛋打散（图1）。

2. 炒锅烧热，倒一勺油烧热，倒入打散的蛋液炒至凝固，盛出（图2）。

3. 锅里再倒少许油，放牛肉翻炒至变色，加入蔬菜丁炒至蔬菜变软，加适量盐、生抽等调味，再加入米饭翻炒（图3~图5）。

4. 倒入炒好的鸡蛋，翻炒均匀，即可出锅。

毛豆腊肠饭团
小清新的饭团

难度指数：★★
营养指数：★★★★
入口指数：★★★★★
耗时：20分钟

菜系分类：主食、小吃
原料来源：超市，杂粮店，菜市场
烹饪工具：电饭煲

■ 原料

大米与糯米比例为2:1；腊肠一根，毛豆适量，小葱少许，熟芝麻适量。

■ 做法

1.前一晚将大米和糯米洗干净放在电饭锅里，锅里再放一根腊肠，按"预约煮饭"模式。

2.取一小锅，加水将毛豆煮熟（图1）。打开电饭锅，取出腊肠，切成小丁（图2）。

3.在大碗里放进煮好的米饭、毛豆、腊肠、葱花、熟芝麻，用铲子拌匀，凉至温热（图3）。

4.戴上一次性手套，抓一把拌匀的饭，攥在手心，轻轻捏成团（图4~图6）。

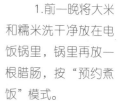

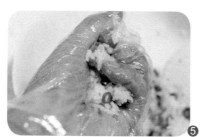

蔓越莓杂粮饭团
加点蔓越莓更好吃

早餐搭配：

杂粮饭团＋鸡蛋蔬菜松仁沙拉＋酸奶＋桃

难度指数：★	菜系分类：主食、小吃
营养指数：★★★★	原料来源：菜市场
入口指数：★★★★★	烹饪工具：电饭煲
耗时：10分钟	

■ 原料

大米、糙米、红米适量，蔓越莓干少许，黑芝麻、白芝麻适量，海苔条两根。

■ 做法

1.将各色米混合煮成饭，凉至温热（图1）。

2.在米饭里滴少量芝麻油，将切碎的蔓越莓干和黑、白芝麻放入米饭混合抓匀（图2~图4）。

❶　　　　　❷

90

3.将米饭抓在手心，团成圆柱体，中间裹上紫菜条，两头再沾上黑白芝麻即可（图5~图8）。

紫米杂粮饭团＋萝卜玉米牛骨汤＋混合坚果＋奶酪＋苹果

萝卜玉米骨头汤

■ 做法

1.牛骨加冷水煮开后捞出，另起砂锅加热水、姜片煮开，小火炖两小时，关火，不要开盖。

2.第二天早上加入萝卜块，玉米煮15分钟，加盐、葱花调味。

金枪鱼三角饭团
日式三角饭团

早餐搭配：

金枪鱼三角饭团＋美式炒蛋＋苹果＋混合坚果＋胡萝卜豆浆

难度指数：★★
营养指数：★★★★
入口指数：★★★★★
耗时：20分钟
菜系分类：主食、小吃
原料来源：超市，杂粮店，菜市场
烹饪工具：电饭煲

■ 原料

糯米、大米、玉米碎、金枪鱼罐头、海苔、香葱、芝麻、盐、寿司醋。

·原料图

■ 做法

1.将糯米、大米、玉米碎一起煮成米饭（图1）。

2.煮好的米饭凉到温热，加入寿司醋、盐、糖、熟芝麻、金枪鱼肉拌匀（图2~图4）。

3.戴上一次性手套，用水打湿，将饭抓在手心里，捏紧，整成三角形，底部包上一小片海苔（图4~图6）。

紫糯米油条卷 紫色的盛宴

难度指数：★★	菜系分类：主食、小吃
营养指数：★★★★	原料来源：菜市场
入口指数：★★★★★	烹饪工具：电饭煲
耗时：10分钟	

早餐搭配：

紫糯米油条卷＋煮玉米＋番茄蛋汤＋香蕉

■ 原料

紫糯米一小碗，咸蛋半个，油条半根，黄瓜半根，火腿肠一根，榨菜适量。

·原料图

❶

❷

■ 做法

1. 紫糯米加水煮成饭（图1）；黄瓜、火腿肠切成细条。

2. 案板上铺一块保鲜膜，放上紫米饭，用勺子压平（图2）。

3. 撒上少许熟芝麻，放上榨菜条、咸蛋，再放上油条、黄瓜、火腿肠（图3、图4）。

❸

❹

4. 捏起保鲜膜的两边，使其与米饭的边重叠，卷紧即可（图5、图6）。

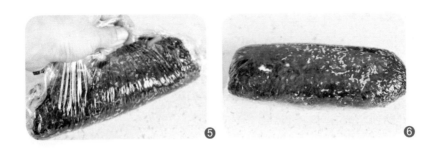

番茄蛋花汤

■ 做法

小番茄对半切开，锅里放少许油煸炒，再冲入热水烧开，保持沸腾状态两分钟，打入蛋液，加盐调味（图1~图4）。

Chapter 06

最养胃的是粥，最暖心的

也是粥

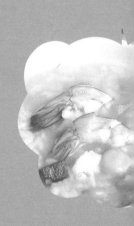

烹饪工具 电饭锅、砂锅、压力锅

白粥的熬制要点
喝碗白粥挺舒服

我们这里老一辈人管白粥叫米汤。

南方的粥讲究的是绵、软、滑，米和水是不分家的。北方米汤里的米都沉在碗底儿，从上面是看不到米粒的，我们叫熬米汤。一口铁锅添大半锅水，等水开再下米，适量放一点碱，据说这样能让米汤变得很糊，也就是黏的意思。小火慢煮，一边煮一边搅拌，等米粒开了花，米汤也变得糊糊的，稍凉一会儿，上面就会凝固一层膜，叫米油。从前谁家婴儿生下来没奶吃，就喂米汤长大。

米汤很稀，不能说是"吃"，只能说是"喝米汤"。喝米汤一定得配馒头，吃馒头要就咸菜。好像只有这几样搭配起来，才能让沉睡了一夜的肠胃缓缓苏醒。这也是小时候我们家固有的早餐模式。

直到去南方工作，才知道南方管米汤叫粥，也黏稠一些。而且花样多变，蔬菜和肉、水果都能入粥。

当然，现在南北饮食已经没有太大差别了，虽说粥是主食，不管是多黏稠的粥，我还是习惯吃粥时配一个馒头或包子，觉得那样才能吃得妥帖。

厨房锅具在不段更新，为了方便快捷，平时煮粥很少再小火慢熬了，通常就是把米和水一起放进电饭煲或压力锅里，按下开关，一会儿就做好了。当然，味道也会大打折扣。

时间充足的话，还是喜欢守在锅边，一边煮一边搅，慢慢熬一锅白粥，觉得这才是家里的烟火气息。

■ 做法

1.煮粥的米不要使劲揉搓，洗干净就好，以防营养成分流失。

2.大米洗干净后，加水浸泡半小时，让米粒充分吸收水分（图2）。

3.泡好的米里拌一勺油，这样米粒容易开花，而且更绵滑（图3）。

4.锅里加足量的水，水烧开后再下米（图4）。

5.前10分钟用中大火，一边煮一边用勺子顺一个方向搅拌（图5~图7）。

6.转小火煮20分钟，此时盖上锅盖，尽量多次搅拌（图8~图10）。

7.尽量不要中途加水，如果稠了就加沸腾的开水。

早餐搭配：
白粥＋煎西葫芦＋银鱼炒蛋＋蓝莓

百合绿豆粥 给身体祛祛火吧

难度指数：★★

营养指数：★★★★★

入口指数：★★★★★

耗时：50分钟

菜系分类：主食、小吃

原料来源：超市，杂粮店，菜市场

烹饪工具：电饭煲

早餐搭配：

百合绿豆粥＋叉烧包＋小黄瓜
＋石榴

叉烧包味道比较香甜，所以配爽口的
小黄瓜。

喜欢吃甜的可以在粥里加适量糖。

百合绿豆粥具有清热解毒的功效，非常
适合夏秋季节食用。

■ 原料

大米、干百合、绿豆、燕麦约2：1：1：1。

· 原料图

■ 做法

锅里放足量水烧开，倒入清洗干净的所
有原料，大火煮开，小火煮成黏稠的粥。

小贴士

1.煮粥时加一把燕麦片，不仅能
增加粥的黏稠度，而且燕麦还能降血
糖，防止小孩便秘。

2.这几种原料都属于耐煮的，所
以可使用电饭煲或电压力锅预约，以
节省早上时间。

虾肉蔬菜粥 咸鲜香浓我最爱

早餐搭配：

虾仁蔬菜粥＋蒸红薯＋苹果＋花生

■ 原料

大米80g，冻虾8只，玉米粒、胡萝卜、芹菜适量（3人份）。

·原料图

■ 做法

1.大米加水和加一勺色拉油，煮成稍稀的白粥，加入玉米粒、胡萝卜丁一起煮约6分钟，加入芹菜丁煮2分钟后加盐调味（图1~图3）。

2.虾解冻后剥壳、去除虾线。加入煮好的粥里，一边搅拌，视虾仁大小煮30

秒至1分钟关火，盖上锅盖，闷2分钟即可出锅。
（图4~图6）。

　　3.也可加胡椒粉、芝麻油等调味，但不可加过
多，以免抢了虾肉的鲜味。

如何挑选新鲜的虾

　　新鲜的虾头尾与身体紧密相连，虾身
有一定的弯曲度，虾壳发亮，河虾呈青绿
色，海虾呈青白色（雌虾）或蛋黄色（雄
虾），不新鲜的虾皮壳发暗，略成红色或
灰紫色。

　　新鲜的虾肉质紧实有弹性，用手剥取
虾肉时需要用一些力气。不新鲜的虾捏着
发软。

如何去除虾线

　　虾线是虾的消化道，在虾的背部。有
的很黑，有的颜色很淡，几乎看不出来，
这和所含的脏物有关。虾线会影响虾的口
感，尤其是水煮和酒焖的时候。虾线中含
有苦味的物质，在热量作用下会掩盖鲜虾
清甜的鲜味。颜色深的虾线吃着还会碜
牙。

　　去除虾线的时候，用一根牙签从虾的
关节缝里扎进去，即可挑出虾线。

如何保存虾

　　买来的活虾如果一次吃不完，及时放
冰箱冷冻。

　　北方内陆城市冬天很难买到活的虾，
一般卖的冻鲜虾都是冷冻虾解冻后的。如
果一次吃不完，就不适合再次冷冻。可向
超市工作人员或店员询问，最好买回未解
冻的整盒或整包装，分成小份装在保鲜袋
里冷冻保存。

　　冷冻的虾泡在水里几分钟就解冻了，
所以如果早上要吃，不需要前一晚从冷冻
转入冷藏。

皮蛋瘦肉粥 "大众情人" 的问候

皮蛋瘦肉粥是一款极其经典的广式粥品，其味道香浓，深得各类人群的喜欢。做法也不尽相同，就单说肉，可切成片、切成丝、或成肉糜，吃时也可加油条等。作为早餐，不管做法正宗与否，只要简单、营养、美味就好。

■ 原料

大米80g，猪里脊肉一小块，皮蛋一个，香葱适量。

· 原料图

■ 做法

1.猪肉切小丁，加盐、油、料酒、淀粉抓匀腌10分钟，可前一晚准备好放冰箱里腌，皮蛋去皮切小丁（图1）。

早餐搭配：

皮蛋瘦肉粥＋白煮蛋＋苹果＋混合坚果

❶

❷

2.煮好的白粥加入切碎的皮蛋，腌好的猪肉一起煮约
7~8分钟（其间注意搅拌以防糊底和溢锅），关火后加入
切好的葱花，加盐、胡椒粉、芝麻油调味。

小贴士

1.皮蛋也称"松花蛋"、"变蛋"等，
是传统的鸭蛋制品，正常的皮蛋剥壳后呈
墨绿色富有弹性，会有松花的晶状纹路。

2.皮蛋虽然含有多种营养物质，但因含
铅，所以儿童不宜过多食用。

3.食用皮蛋时最好加点陈醋，不仅杀
菌，而且口感更好。

4.切皮蛋时蛋黄经常会粘在刀上，可用
开水烫过刀背后再切就不会粘了。

山药大枣粥

不是药，胜似药

早餐搭配：

山药大枣粥＋西葫芦胡萝卜肉片
＋南瓜花卷＋苹果

西葫芦胡萝卜肉片：猪肉切片，加盐抓匀，胡萝卜西葫芦切片。热锅倒油先下肉片炒至变色，再下胡萝卜、西葫芦炒熟，加盐和生抽调味。

喜欢吃甜食的可以在山药大枣粥里撒少许白糖，也是极好吃的。

难度指数：★★
营养指数：★★★★
入口指数：★★★★★
耗时：50分钟
菜系分类：粥、汤、羹
原料来源：超市、杂粮店、菜市场
烹饪工具：电饭煲或砂锅

山药具有健脾胃的作用，小孩和老人都非常适合食用。我家孩子约2岁的时候，胃口常常不好，我就把山药变着花样做给他吃。做得最多的就是把山药煮熟，加牛奶和糖一起放进料理机里打成糊。那时候孩子最爱看天线宝宝的动画片，就说山药糊是天线宝宝喝的"宝宝奶昔"。

前几天和孩子去超市，正赶上新鲜的山药上架，儿子说："妈妈，买点山药吧，我想喝宝宝奶昔。"

我笑着说："你都多大了，还喝宝宝奶昔呢？"

扯远了，今天的早餐是山药大枣粥。大枣含有丰富的维生素和矿物质，长期食用能提高免疫力。

■ 原料

大米：糯米为1：1，山药一根，红枣适量。

·原料图

■ 做法

1.锅里放足量的水烧开，倒入洗干净的米和红枣，大火煮开，小火煮10分钟后放入去皮切块的山药，一同煮熟。

2.为了节省早上的时间，我往往都是将所有原料一同放入电压力锅里选择"预约功能"。

3.山药要选那种细长的，表皮颜色发褐色，上面有很多毛须的铁棍山药，这种山药粉粉面面的，适合蒸食、煮粥、打成糊。那种粗的脆山药适合炒着吃。

4.铁棍山药的皮可以食用，但为了口感，还是刮掉比较好。刮皮的同时放在流水下冲，刮好皮的山药要泡在清水里，以防止氧化变色。

香菇鸡肉粥
好吃到恨不得连姜丝也吃下去

有时候胃口不佳，煮白粥觉得寡淡，甜粥又觉得太过黏腻，吃啥都不香，那么，不妨搜罗一下冰箱里的食材吧，来一碗色彩鲜艳、营养丰富的咸粥吧。

难度指数：★★
营养指数：★★★★★
入口指数：★★★★★
耗时：50分钟

菜系分类：粥、汤、羹
原料来源：超市，杂粮店，菜市场
烹饪工具：电饭煲或砂锅

■ 原料

大米一小碗，鸡胸肉一块，香菇两朵，胡萝卜半根，葱姜适量，盐、胡椒粉、芝麻油、调味料适量。

·原料图

■ 做法

1. 将大米煮成粥，具体做法参照本书P.96。

2. 鸡胸肉切丝，加盐、料酒、植物油、淀粉抓匀，腌10分钟。

3. 香菇切片，胡萝卜切丁，姜切丝。

4. 煮好的白粥里依次加入姜、胡萝卜、香菇，煮

3~5分钟，再开中大火，加入鸡肉快速搅散，煮约2分钟，鸡肉变色，关火。加盐、白胡椒粉、葱花、芝麻油调味。

小贴士

1.姜有健脾、暖胃、祛风寒的功效，古语说"早上吃姜，胜过喝参汤"。将姜切成末，这样粥里的姜味更浓，吃粥就连同姜末一起吃下去了。如果不吃姜，将姜切成大片，煮好粥之后再捞出来。

2.煮咸粥特别是含有鱼、肉、海鲜类的粥时，放姜能去腥、杀菌。

3.一碗白粥作粥底，可以加入任意肉类、蔬菜煮成咸粥。

我家有关咸粥的早餐

早餐搭配： 三文鱼蔬菜粥＋豆沙面包＋猕猴桃＋混合坚果

三文鱼含有多种维生素及矿物质，并且含有丰富的不饱和脂肪酸，是一种高蛋白、低热量的健康食品。生食特别鲜嫩可口，生食的三文鱼对品质及新鲜度要求特别高，但不适合给孩子吃。

烹饪的三文鱼不要煮得太烂，所以煮鱼肉粥时应该最后放入三文鱼，煮至变色即可。

虾仁蔬菜粥＋蒸红薯＋苹果＋花生

生滚牛肉窝蛋粥＋香葱花卷＋苹果＋混合坚果

买回来的海虾冷冻保存，早上取出放在水里解冻，剥去壳，用牙签挑去虾线。

家里没有新鲜蔬菜，所以我在粥里放了冻的豌豆、玉米和胡萝卜粒。可以在豌豆、玉米大量上市的季节剥一些冷冻保存，也可买超市的速冻品。储存一些以备不时之需。

煮粥方法同"香菇鸡肉粥"。

■ 做法

1.粥底可参考本书P.96白粥的做法，为节省时间，也可用电饭煲预约。

2.牛肉前一晚切丝，加油、盐、料酒冷藏腌制。在煮好的白粥里加入蔬菜、牛肉大火煮开，打一个鸡蛋进去，盖上锅盖，关火，闷至蛋熟。

3.煮窝蛋粥最好使用保温效果好的砂锅，这样才能将鸡蛋闷熟。

芒果牛奶紫米粥
来自热带的风情

有一天和儿子聊天说到各式各样的粥，儿子说："妈妈，你会做水果粥吗？"

我回答说："当然会啊。"

正好家里有原料，于是第二天的早餐就做了芒果牛奶紫米粥。香糯的紫米配上清甜的水果，在炎热的季节特别开胃。

正宗的热带水果粥应该用椰浆，可惜那天家里没有，也没有特意去买，就用牛奶代替了。

■ 原料

紫糯米100g，芒果一个，猕猴桃一个，牛奶适量。

早餐搭配：
芒果牛奶紫米粥＋鸡蛋蔬菜沙拉
＋杏仁

■ 做法

1.用刀切走芒果核，将芒果两侧的果肉取下，用刀划成网格，取出果肉丁（图2~图4）。

2.紫糯米清洗干净，加适量水浸泡半小时，与芒果核一起煮成粥（图5、图6）。

 ❺

 ❻

3.捞出芒果核，将粥盛到碗里，凉至温热时，加入芒果丁及其他水果，淋入牛奶，即可食用。

鸡蛋蔬菜沙拉

■ 原料

鸡蛋1个，火腿2片，生菜2片，小番茄4个。

■ 做法

1.鸡蛋放在小奶锅里，加没过鸡蛋的水，大火煮开1分钟后关火，不开盖闷5分钟。这样煮出的鸡蛋蛋黄不会太干。

2.平底锅烧热刷油，放入火腿煎至两面金黄后切小块，生菜用淡盐水浸泡后清洗干净，小番茄对半切开。

3.将所有准备好的原料放大碗里，淋入橄榄油、苹果醋、盐搅拌均匀。

 ❶

 ❷

 ❸

 ❹

小贴士

1.早上如果想节省时间，可利用可预约的锅来煮粥。

2.如果没有紫糯米，可以紫米与糯米3：1的比例来煮粥。

3.粥里加点白糖会更加香甜。

五谷杂粮粥
五谷最养人了

五谷杂粮粥用料多种多样，可完全根据当地习惯、个人喜好和条件而定。常见的五谷杂粮有：小米、红豆（赤豆）、黄豆、绿豆、薏米、米仁、花生、桂圆、莲子、核桃仁、大枣等。其中红豆和薏米同煮，具有祛除体内湿气的功效。

■ 原料

任意五谷杂粮适量。

· 原料图

■ 做法

淘洗干净的杂粮加足量水，放入合适的锅里煮成粥。

小贴士

1.有些比较难煮的，如豆类，可提前浸泡。

2.杂粮口感比较粗糙，可适量加一些大米或糯米增加粥的黏稠度。

3.使用压力锅可节省煮粥时间。

早餐搭配：

杂粮粥＋拌西兰花＋煎蛋＋葡萄

燕麦粥&燕麦制品 麦片到碗里来

燕麦片

燕麦片是用燕麦粒轧制而成的，形状比较完整，有一些经过速食处理的燕麦片虽然有些散碎，但还是可以看出其形状的。

燕麦片含有丰富的碳水化合物、蛋白质和多种矿物质，很容易被人体消化吸收。其富含的膳食纤维更是人体健康所需。经常食用麦片可以改善血液循环，调理肠道，防止肥胖症及糖尿病等。

燕麦片跟小麦、大米一样，可以为人体提供充分、足够的能量，所以可以作为早餐主食。

市面上常见的麦片

1.直接轧制的生麦片

这种燕麦片需要煮食20~30分钟，因为单独煮食口味粗糙，所以我一般都是煮杂粮粥加一把与米同煮，这样煮出来的粥比较黏稠。见本书P.98"百合绿豆粥"。

2.经过加工的即食燕麦

这种燕麦片也是原味的纯麦片，但是在加工时经过高温处理，已经是熟麦片。用开水冲泡或者煮3~4分钟就可食用。现在有很多进口的混合麦片，里面除了燕麦还添加了小麦片、玉米片、裸麦片、葡萄干、香蕉片、杏仁、榛子等，作为早餐，营养更加全面。

■ 吃法1：牛奶煮麦片

■ 吃法2：牛奶泡麦片

1.含燕麦粉的谷物食品。这种麦片是把大多数谷物食品（燕麦、小麦、玉米等）经过深加工后重新压制成各种形状。多次加工后维生素及矿物质都有所流失。为了保持其松脆及丰富的口感，常常经过膨化处理，并且添加了糖、蜂蜜等。品种丰富，口感香脆，可以直接食用或者用凉牛奶泡食，孩子喜欢吃，我偶尔会在早餐牛奶中撒一把。

2.速熔冲饮的营养麦片。这种麦片经过粉碎精制后，存在燕麦麸皮中的可熔膳食纤维都遭到了破坏，而且为了增加速熔麦片的口感，一般都添加了植脂末，也就是大家所说的奶精，跟牛奶毫无关系，只是一种反式脂肪酸添加剂。这种麦片尽量不要给孩子食用。

燕麦粥

早餐搭配：

牛奶燕麦粥＋白灼芦笋＋煎蛋＋苹果

■ 原料

大米一小碗，鸡胸肉一块，香菇两朵，胡萝卜半根，葱、姜、盐、胡椒粉、芝麻油、调味料适量。

·原料图

■ 做法

1.锅里加适量牛奶，烧至快开时加麦片，煮至冒泡，小火煮1分钟，盖上锅盖。焖3分钟，撒果干（葡萄干、蓝莓干、蔓越莓干）和坚果。果干不仅能增加口感和取代糖类，而且营养更丰富（图1~图3）。

2.将芦笋切去老根，加油盐入沸水中煮1分钟捞出（图4）。

3.平底锅烧热刷油，将鸡蛋磕入锅的一侧，将锅倾斜，即拖出一条小尾巴，小火煎至底部凝固后，沿锅边倒少许水，盖上锅盖，约1分钟后锅里充满水蒸汽，关火，将蛋焖熟。吃时淋上醋和生抽（图5）。

4.小香肠切四刀至半根，锅烧热刷油后放入香肠，小火加热，"章鱼腿"就会慢慢向外翘（图6~图8）。

Chapter 07

让汤羹
滋养身体
的每一个角落

烹饪工具 豆浆机、榨汁机、汤锅

红豆银耳露&南瓜银耳露&雪梨红枣银耳露

营养滋补的银耳露

银耳又称白木耳，具有"润肺、生津、止咳、清热"的功效，银耳里还含有天然的胶质，长期食用能让皮肤滑嫩有光泽。秋冬季节，家里总备着银耳。喜欢用银耳加各种食材炖甜品，但孩子不喜欢吃。于是想着办法，做成银耳露。细腻润滑的口感，不知不觉中一杯下肚了，喉咙舒畅多了，身体里暖融融的。

一入秋，银耳露便成了我家餐桌上的常客，经常变着花样给银耳里添加不同食材，不仅颜色赏心悦目，而且营养功效也增加了不少。

早上早起半小时，先把提前泡好的银耳放入豆浆机里，在厨房闻着豆浆机里散发出来的香味，一边准备早餐，也是享受极了。

谁说上班族的早餐一定就是手忙脚乱的呢？

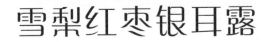

难度指数：★

营养指数：★★★★★

入口指数：★★★★★

耗时：20分钟

菜系分类：饮品

原料来源：超市、杂粮店

烹饪工具：豆浆机

雪梨红枣银耳露

雪梨和银耳都有润肺止咳的功效，但梨属寒性，银耳性平，所以加入适量红枣。如果有咳嗽，可以不放红枣，放冰糖调味。

■ 原料

梨1个，银耳1朵，红枣4颗。

■ 做法

梨去皮去核切块，银耳泡发撕小朵，红枣去核。加适量清水，放入豆浆机，选择"米糊"功能。

南瓜银耳露

南瓜有保护胃粘膜、帮助消化的功效。同时含有大量的锌，锌是孩子成长中不可缺少的重要物质。加入了南瓜的银耳露，营养丰富，味道香甜，色泽也特别好看。秋天正是南瓜成熟的季节。

■ 原料

南瓜去皮约120g，干银耳20g，水1000ml。

■ 做法

南瓜切黄豆大小，银耳泡发撕碎，同水一起入豆浆机，选择"米糊"功能。

红豆银耳露

红豆具有养心、健脾胃、祛湿排毒的的功效，同时又含丰富的铁质，能很好地为身体补血。加入了红豆的银耳露，颜色粉粉的，入口很顺滑，有红豆淡淡的香味。

■ 原料

红豆60g，干银耳1朵，水1000ml。

■ 做法

红豆和银耳前一晚泡在水里，银耳撕小朵，加水一起入豆浆机，按"米糊"功能。

核桃红枣米糊
老少皆宜的米糊

大家都知道核桃仁具有补脑的功效，但很多小朋友不吃，嫌核桃仁上褐色的皮有点涩涩的苦味。可是除了新鲜的核桃仁，干核桃仁表皮是很难去掉的，而且皮含有丰富的营养，不应去掉。

加点红枣做成米糊吧，香醇的核桃混合着甜甜的枣香，保准大小朋友都爱喝。

难度指数：★	菜系分类：南北方饮品
营养指数：★★★★★	原料来源：超市，杂粮店
入口指数：★★★★★	烹饪工具：豆浆机
耗时：25分钟	

■ 原料

核桃仁50g（带皮核桃约10个），大米50g，大枣10颗。

■ 做法

1. 红枣洗干净去核切成小块。

2. 核桃仁掰成黄豆大小，与大米一起淘洗干净，再与红枣一起放入豆浆机，加清水至豆浆机水位1200ml处，使用"倍浓"或者"米糊"功能。

3. 约20分钟完成，倒出即可饮用。

经典搭配

保护视力的米糊：小米＋枸杞

补血米糊：红豆＋红枣＋大米

清凉滋润米糊：百合＋绿豆＋大米

养胃米糊：鲜牛奶＋大米＋水

香浓米糊：黑芝麻＋花生＋大米

小贴士

各式杂粮都可以做成米糊，做1000ml的米糊，固体原料约100g。太浓稠了容易糊底。也可以用少量糯米代替大米，使米糊更浓稠。

五色养生豆浆&胡萝卜豆浆

中国人最喜爱的"植物牛奶"

黄豆含丰富的蛋白质，易于被人体所吸收，所以成为素食者的主要蛋白质来源。把黄豆磨成豆浆，不仅美味可口，而且所含的多种矿物质能平衡身体的营养需要。豆浆一年四季都可食用，老少皆宜。

除了普通的黄豆浆外，也可以添加不同的原料做出营养口味各不相同的豆浆。

■ 原料

· 原料图

黄豆、黑豆、红豆、绿豆、花生等共一杯（豆浆机自带杯子）。

■ 做法

1.将所有原料清洗干净，加水浸泡1个晚上，早上将泡好的豆子再次冲洗，放入豆浆机，加水至豆浆机水位线，选择"豆浆"功能（图1~图3）。

2.约20分钟后，待豆浆机工作完成，倒出豆浆，用滤网将豆渣过滤，可直接饮用，也可加少许糖（图4~图6）。

①

②

③

④

⑤

⑥

胡萝卜豆浆

■ 原料

胡萝卜1根，干黄豆60g。

·原料图

■ 做法

黄豆加水浸泡一晚清洗干净，胡萝卜切成黄豆大小的块，一起放入豆浆机，加至水位线，选择"豆浆"功能。

小贴士

1.豆浆不宜食用过多，每天250ml为宜。

2.豆浆不宜空腹食用。

豆渣的利用

1.豆渣可加面粉做成豆渣馒头（具体做法见本书P. 22 "豆渣馒头"）。

2.豆渣里加一些切碎的蔬菜、鸡蛋、面粉做成豆渣饼（具体做法参考本书P. 25 "豆渣蔬菜饼"）。

3.豆渣里可以加些玉米面煮成豆渣粥。

4.可以加一些玉米面做成窝窝头（具体做法见本书P. 24 "豆渣窝窝头"）。

5.加菜、肉等做成豆渣丸子。

6.也可以在做面包的时候加入豆渣。

香蕉奶昔&紫薯奶昔&牛油果奶昔

爽滑营养的奶昔

奶昔是以牛奶作为基础原料的饮品，口感顺滑，香浓营养。孩子们没有不爱喝的。根据季节不同，可以做出丰富多样的奶昔来。下面分别以牛油果、紫薯、香蕉为原料做成奶昔。冬天时可将牛奶温热再做，夏天也可以将牛奶换酸奶，加少许冰块、冰淇淋、薄荷叶等。做好的奶昔上也可以加少许巧克力酱做出拉花。

紫薯奶昔

■ 原料

紫薯150g，牛奶250ml，炼乳一小勺。

■ 做法

将紫薯去皮切片蒸熟，趁热加入牛奶、炼乳，一起放入料理机打成糊状。

· 紫薯奶昔

香蕉奶昔

■ 原料

香蕉2根，牛奶250ml。

■ 做法

将香蕉去皮切块放入料理机，加牛奶打成糊状。

· 香蕉奶昔

牛油果奶昔

■ 原料

牛油果半个，牛奶250ml，白砂糖10g。

■ 做法

牛油果去皮去核切块，与牛奶、白砂糖一起入料理机打成糊。

· 牛油果奶昔

西红柿疙瘩汤
胃口不好时来一碗

西红柿疙瘩汤，在我们陕西一带是家常汤。每当阴雨天气或者感冒没胃口时来一碗拌汤，祛寒祛湿又暖胃。

某天早晨起床，天气闷热，没多大胃口，就想起了拌汤。煮了一锅，然后收拾洗漱，等孩子起床，正好凉到温热，加点自家酿的柿子醋，一人吃了两碗，胃里舒舒服服的，上学的上学，上班的上班。

■ 原料

面粉100g，西红柿2个，鸡蛋1个，小葱适量。

调味：花椒粉、盐、醋。

· 原料图

■ 做法

1.西红柿去皮切小丁，炒锅烧热倒油，待油热后放西红柿小火炒至西红柿软烂，加盐和花椒粉。如果西红柿水分太少，可以适当加点水（图1~图3）。

2.另起一锅烧开水，同时把水龙

①

②

③

④

头开到水流最小，将面粉碗伸到水龙头下，用筷子搅拌成絮状（图5、图6）。

3.把面絮倒入烧开的水中，中小火煮3~4分钟，直至面絮里没有白心状的生面粉（图6、图7），倒入炒好的西红柿，中小火煮片刻，缓缓倒入打散的蛋液。撒上葱花即可（图8~图11）。

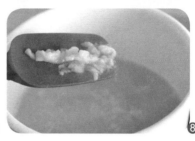

小贴士

1.搅面絮时水流一定要开到最小，快速搅拌。

2.吃时加点醋会更香。

梨藕汤&莲藕排骨汤
秋冬季节 "藕吧"

梨藕汤

儿子小时候经常扁桃体发炎，肿大，咳嗽，一咳就大半个月好不了。那声声咳嗽真是让当妈的揪心。育儿书、报纸新闻看多了，知道药的副作用很大，不大愿意给孩子吃药，但又拗不过家人，药还是得给吃，但也想方设法调理饮食。用梨和藕一起煮汤，吃梨藕喝汤，煮时可以多加些水，当开水给孩子不时补充水分。也不知道是平时注意饮食的原因，还是随着孩子慢慢长大体质增强了，现在即使生病了也很少吃药。

难度指数：★	菜系分类：甜品
营养指数：★★★★★	原料来源：超市，杂粮店
入口指数：★★★★★	烹饪工具：汤锅或豆浆机或榨汁机
耗时：20分钟	

■ 原料

梨一个，藕一节，水适量。

■ 做法

藕去皮切块，梨不去皮切块，放汤锅里加足水，大火煮开，中小火煮10分钟。

梨藕汁做法

1.梨和藕去皮切块，加适量纯净水或矿泉水放入榨汁机榨成汁后饮用。

2.也可将梨、藕、水放入豆浆机，选择"果蔬汁"键，如果觉得有渣，想要口感细腻，可用纱布或滤网过滤后再喝。

3.榨好的果汁可直接喝，也可用微波炉等工具温热再喝。

小贴士

1.梨藕汤是熟的，梨藕汁是生的，如果做成汁，要选择新鲜度高的莲藕。

2.也可根据喜好加入冰糖。

3.处理藕时动作要快，以免藕遇空气氧化后变色。也可将藕泡在清水或淡盐水中。

4.煮梨藕汤时，要避免使用铁锅，最好使用砂锅或不锈钢锅。

早餐搭配：

梨藕汤＋可可双色馒头
＋西兰花炒肉片

莲藕排骨汤

我们西北人不常煲汤，记忆里莲藕都是用来炒食或凉拌的。过年的时候，餐桌上才会有香甜的糯米藕。十多年前刚参加工作不久，有一次去湖北的一个同事家里吃饭，她妈妈把砂锅端上桌来，一揭盖，是一锅热腾腾的莲藕排骨汤。当时我很惊讶，莲藕居然可以用来煲汤，而且是肉汤！带着新奇尝了一口，发现并不像想象中的油腻，莲藕被炖得粉粉糯糯，肉香和藕香混合在一起，又恰到好处地融到了汤里，甜夹着清香。那一顿，我都不记得喝了几碗，反正，是被同事笑了。

后来自己成了家，也学着给家人煲各式各样的汤。这道莲藕排骨汤每次都能得到家人的称赞。

■ 原料

排骨300g，莲藕一节，姜一小块，盐适量。

·原料图

■ 做法

1.排骨斩成小块，用流动的水冲洗干净，莲藕去皮切大块，姜切片。

2.锅里放水烧开，将排骨倒入沸水中焯2分钟后捞出（图1）。

3.砂锅里加足量的温水，放排骨和莲藕、姜片，大火煮开，小火慢炖2小时（图2）。

4.出锅后加盐或其他调味品调味。

小贴士

1.莲藕排骨汤可选择前一晚用砂锅炖好，不揭锅盖，第二天早上加热；也可以用慢炖锅炖一晚，第二天早上直接食用。

2.挑选莲藕时要选藕节短、藕身粗的。

3.炖汤的莲藕要选粉藕，粉藕颜色偏红偏深。

早餐搭配：

莲藕排骨汤＋西葫芦蛋饼＋石榴＋腰果

西葫芦蛋饼做法见本书P.33。

西兰花虾皮蛋羹&肉末蒸蛋

又嫩又滑的各式蒸蛋羹

嫩滑的蛋羹小朋友们都爱吃，除了普通的蛋羹外，在蛋羹上加上一些蔬菜和肉类，这样一碗蛋羹里口感和营养都更加丰富，也省了多摆一个碗盘。

难度指数：★★	菜系分类：南北方配菜
营养指数：★★★★★	原料来源：超市，杂粮店，菜市场
入口指数：★★★★★	烹饪工具：蒸锅
耗时：20分钟	

西兰花虾皮蛋羹

■ 原料

西兰花一小朵，虾皮适量，鸡蛋一个，盐少许。
调料汁：生抽、果醋、芝麻油等。

· 原料图

■ 做法

1.鸡蛋打到稍大的碗里，加鸡蛋重量约1.5~2倍的温水，加少许盐，用筷子沿一个方向用力搅打至出现细腻的泡沫，也可用手动打蛋器，如果没有手动打蛋器，可多用几支筷子一起打，更节省时间（图1~图3）。

❶

2.用滤网将蛋液过滤到蒸碗里，盖上盖子，记得打开盖子上的密封口。也可在碗上盖个盘子，或者盖上保鲜膜，记得给保鲜膜上扎几个洞（图5、图6）。

3.蒸锅加水，把碗放到蒸架上，跟掰成小朵的西兰花一起中火蒸至蛋液凝固（图6~图9）。

4.摆上西兰花，撒上虾皮，浇上调好的调料汁（图10、图11）。

小贴士

很多人开始蒸蛋羹时不是蒸成马蜂窝就是蒸成蘑菇头，其实有几个重点掌握好，蒸出嫩滑的蛋羹也不难：1.加温水；2.一定要将蛋白蛋黄搅打均匀；3.加盖子或保鲜膜。

关于虾皮及保存

1.虾皮含钙，但是因为每次摄入的虾皮量比较少，给人体提供的钙源非常有限，所以，吃了虾皮也要补充其他含钙量高的食物。

2.买回来的虾皮即使没有开封，也要放入冰箱保存以减少蛋白质的分解。

3.如果买的是散装虾皮，吃的时候要用清水洗几遍，挤干水分。

4.虾皮如果变色，闻起来有一股氨水味，就不要吃了。

早餐搭配：

西兰花虾皮蒸蛋＋紫薯饭团＋樱桃＋核桃豆浆

肉末蒸蛋

■ 原料

鸡蛋2个，猪肉末、葱、姜、辣椒适量。

· 原料图

■ 做法

1. 蒸蛋做法同"西兰花虾皮蒸蛋"（图1~图3）。

2. 肉末加少许盐、生抽、料酒抓匀。

3. 蒸蛋的同时另起一锅烧少许热油，放姜、辣椒爆香，再放肉末煸炒至肉末变色，加少许生抽和盐翻炒至熟，加葱花（图3~图8）。

4. 将炒好的肉末浇在蒸好的蛋羹上。

早餐搭配：肉末蒸蛋＋豆渣窝头＋香菇炒西兰花＋豆浆＋苹果

小贴士

1. 可以将秋葵、嫩豌豆、香菇、鲜虾等放入打好的蛋液里，一起上锅蒸熟，浇上调料汁。

2. 将拌好的肉末（肉末蒸蛋"做法2."）同蛋液一起搅散做成肉末蒸蛋。

Chapter 08

五分钟

就能做好

西式早餐

烹饪工具　烤箱

佛卡夏
来自外国的大饼

佛卡夏（Focaccia）是一种源于意大利的扁平面包，通常以香草、大蒜、黑胡椒、橄榄等装饰调味。因为佛卡夏不需将面揉出薄膜，也没有严格的发酵、排气，整形也比较随意，所以非常适合新手和懒人。

■ 原料

面团：高筋面粉300g，盐5g，干酵母5g，绵白糖5g，橄榄油10g，水200ml。

装饰：橄榄油（刷表面用）、新鲜迷迭香、混合香料、小番茄等。

·原料图

■ 做法

1.将面团所需的所有原料混合，揉成光滑有弹性的面团，放在温暖的地方发至两倍大小（也可使用面包机的"面包面团制作程序"）。

2.将发酵好的面团放在撒了干面粉的操作台上，排气，揉光滑，盖上保鲜膜，静置10分钟（图1）。

3.将面团擀成厚约0.5cm的长方形面片。放在铺有烘焙纸的烤盘里，用叉子在面团表面叉上小孔（图2），刷上厚厚一层橄榄油，撒上香草碎、薄薄一层盐，插上迷迭香，摆上切片的小番茄（图3、图4）。

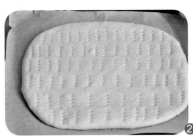

4.将烤盘放在30℃左右的环境里醒发约30分钟，发酵至两倍大小（图4）。

5.将发好的面团放入预热190℃的烤箱中层，烤约15分钟，烤好后立即取出冷却（图5）。

小贴士

1.装饰还可以用黑橄榄、油浸番茄、大蒜片、九层塔、干燥香料、黑胡椒碎等。

2.第三步也可以不用叉子叉孔，可用剪刀在面团上剪些小刀口。

3.可以将面团等份分割，做成几个小的佛卡夏；简单的佛卡夏还可以夹各种配菜做成三明治。

早餐搭配：

佛卡夏＋奶酪＋煎培根＋坚果＋水果＋柠檬水

佛卡夏＋培根＋拌胡萝卜西兰花＋银耳核桃露＋猕猴桃

培根蔬菜面包
早餐咸面包

■ 原料（2个面包的量）

高筋面粉125g，低筋面粉25g，干酵母2g，糖15g，盐1.5g，奶粉10g，全蛋液15g，水75g，无盐黄油10g。

■ 做法

1.将原料中除黄油外所有原料揉至光滑有弹性，加入黄油，继续揉出薄膜，放在约30℃的环境下发酵至两倍大（图1）。

2.将面团分成2等份，揉圆后，盖上保鲜膜静置10分钟，擀成橄榄形的长条面片，表面刷上蛋液，铺上培根、速冻青豆玉米粒等，撒一层奶酪丝，挤上沙拉酱，进行二次发酵（图2~图4）。

3.发酵好的面包放在已预热180℃的烤箱中层，烘烤约20分钟。

早餐搭配：

培根蔬菜面包＋牛油果奶昔＋鸡蛋生菜沙拉

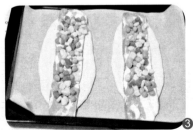
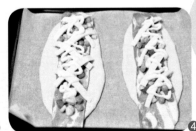

小贴士

1.上面"做法2."中，要慢慢地将面条擀成长条形，不可一次完成。

2.面包前一晚烤好，第二天早上食用时，可先使用烤箱150℃烤3分钟。

汉堡肉饼&汉堡面包&汉堡做法
哇，汉堡耶！

汉堡肉饼

■ 原料（2个面包的量）

猪肉或牛肉 300g，鸡蛋100g，面粉10g，面包糠10g，黄油30g，洋葱半个，胡萝卜半根。

调味料：胡椒粉、盐、糖、生抽、料酒适量。

■ 做法

1.将肉末、鸡蛋放在大碗里，加入调味料搅散（图1）。

2.加入面粉、面包糠顺一个方向搅上劲（图2、图3）。

3.加入融化的黄油、切碎的洋葱及胡萝卜继续搅上劲，成有黏性的肉馅（图5、图6）。

4.戴上一次性手套，抓起一块肉馅放在手心，用手整成圆形，按成比

汉堡坯稍大一些（烤熟后会收缩），放在油纸上
（图6~图8）。

　　5.烤箱250℃预热，烤6分钟后翻面再烤6分
钟即可（图9）。

小贴士

　　1.肉饼也可以用锅煎，平底锅刷
油，放入肉饼小火煎熟。

　　2.一次做得多的肉饼放在油纸上，
冰箱冷冻保存，吃的时候取出烤或煎熟
（图A、B）。

　　3.黄油可换成植物油。

　　4.面粉可以换成面包糠、饼干碎，
也可将馒头搓成渣（图片里用的是面粉
和消化饼干末）。

汉堡面包

■ 原料

A：高筋面粉175g，低筋面粉25g，细砂糖15g，盐1g，酵母2.5g，全蛋25g，水100g。

B：无盐黄油15g，白芝麻少许，蛋液少许刷面。

■ 做法

1.原料A全部混合，揉成光滑的面团，再加入B中的无盐黄油，揉成可拉出薄膜的面团，发酵至两倍大小（图1）。

2.将发酵好的面团分割成6等份（图2），滚圆后稍微按扁（图3），放在铺了油纸的烤盘里，二次发酵至两倍大小（图4）。

3.发酵好的面包坯刷上蛋液，沾上白芝麻（图5、图6），放入预热好的烤箱，上火190℃，下火160℃，烤约15～20分钟。

汉堡做法

■ 原料

汉堡坯2个，肉饼2个（冷冻），西红柿1个，生菜叶4片，奶酪2片，沙拉酱适量。

· 原料图

■ 做法

1.汉堡面包横切，用平底锅小火将面包煎热（图1）。

2.汉堡肉饼放平底锅里小火煎熟（图1、图2）。

3.在面包上依次放入生菜、奶酪、肉饼、西红柿片等，挤上沙拉酱，盖上另一片面包，即可（图3、图4）。

早餐搭配：汉堡+红豆银耳露+草莓

红豆银耳露做法见本书P.115 "红豆银耳露"。

裸麦面包夹生菜牛肉沙拉＋杂粮米糊＋核桃仁＋草莓

将面包挖空将馅料放进去，不仅可以多放些食材，而且更方便孩子拿在手上吃。

汉堡＋牛奶＋坚果

做法：

面包横切，用刀将面包挖空；生菜切碎，熟牛肉撕成条，加芝麻、橄榄油和少许盐拌匀，放进面包里，盖上面包上盖，左手压住，还可以再塞进去一些菜（如下图）。

全麦果仁面包
真的好好吃哦

添加大量的核桃仁、杏仁、花生碎、芝麻、蓝莓蔓越莓果干，光听听这些原料，就已经感觉到满满的能量了。再加上全麦面粉，不管大人孩子吃着都无负担，而且最最重要的是，对于用手揉面的烘焙新手来说，这款面包不用玩命儿地揉出手套膜，方便多了吧。

■ 原料

A：高筋面粉180g，全麦面粉40g，小麦胚芽30g，盐5g，糖10g，干酵母3g，水180g。

B：核桃、花生、杏仁、黑白芝麻等总计60g；葡萄干、蓝莓干、蔓越莓干等总计40g（如果有用葡萄干，先放在温水中浸泡）。

难度指数：★★★★		菜系分类：西式主食	
营养指数：★★★★★		原料来源：超市，杂粮店，烘焙用品店	
入口指数：★★★★		烹饪工具：烤箱	
耗时：2小时			

■ 做法

1.将原料A混合，揉成光滑有弹性的面团（可使用面包机"面包面团制作程序"），将B料切碎或碾碎。（图1）。

2.将切碎的果仁和面团揉匀，放在温暖的地方发酵至两倍大小（图2）。

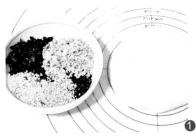

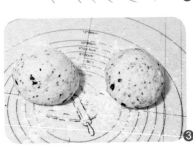

3.发好的面团放在撒了干粉的操作台上，分为2等份，揉圆，盖上保鲜膜，静置10分钟（图3）。

4.把面团用擀面杖分别擀成约20cm×15cm的橄榄形面片，从一头卷起来，接口朝下放在铺了油纸的烤盘里（图4~图6）。

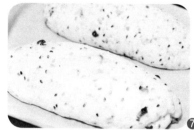

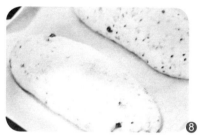

5.盖上保鲜膜，放在30℃左右的环境下醒发至2倍大小（图7）。

6.用粉筛向面团表面撒一层薄薄的干粉，再用锋利的刀在面团上割刀口（注意不要破坏面团的形状），再次静置10分钟（图8、图9）。

7.将面包放在预热好的200℃的烤箱中层，烤约20分钟，立即取出面包，放在冷却架上冷却。

小贴士

家里有什么坚果和果干就放什么，放多少也不必精确到克重，总量不超过面粉量的1／2就行。

早餐搭配：

全麦果仁面包＋培根芦笋卷＋煮玉米＋红豆薏米水＋草莓

全麦果仁面包＋火腿生菜煎蛋＋煮
玉米＋牛奶＋提子

面包＋火腿黄瓜炒蛋＋牛奶麦片＋
橙子

面包抹油浸奶酪＋黄瓜苹果香肠＋
小米糊

面包抹奶酪夹番茄＋煎蛋＋紫米糊
＋水果坚果

土司比萨&土司做法 百变土司

金枪鱼土司比萨

■ 原料

土司面包2片，熟金枪鱼肉适量，西兰花适量，马苏里拉奶酪适量，番茄酱或比萨酱，黄油、干香草碎。

·原料图

■ 做法

1. 西兰花切片，加少许油、盐焯水（图1）。

2. 在面包片上抹上黄油、番茄酱，铺上焯熟的西兰花，摆上金枪鱼肉，再撒上丝状的奶酪（图2~图6）。

3.烤箱200℃预热，放铺好的比萨烤8~10分钟。出炉撒上香草碎。

小贴士

1.奶酪最好用马苏里拉奶酪，因为有现成的奶酪丝，也有大块，需要自己刨成丝，也可用片状奶酪撕开。

2.蔬菜肉类都可以随意替换，牛肉、鸡肉、火腿肠、培根（需要先煎熟）等；蔬菜可以加洋葱、蘑菇、豌豆、玉米、番茄等。

3.也可以做成水果小比萨，配料常见的有苹果、菠萝、圣女果、蓝莓、草莓、香蕉、无核橄榄，做水果比萨时可加一些葡萄干、蔓越莓干等。

早餐搭配：

金枪鱼土司比萨＋南瓜银耳露＋苹果

土司三明治百变土司

鸡蛋菠菜三明治

■ 原料

南瓜土司/白土司四片，菠菜一小把，鸡蛋两个，奶酪一块，熟芝麻、盐、胡椒粉适量。

早餐搭配：鸡蛋菠菜三明治＋梨藕汁＋混合坚果

■ 做法

1. 菠菜焯水，捞出凉凉，挤去水分后切小段放在大碗里。

2. 菠菜碗里打入鸡蛋，加盐、胡椒粉搅散（图1）。

3. 平底锅烧热倒少许油，倒入菠菜蛋液，在蛋液还未凝固前撒上熟芝麻，中火煎至蛋液凝固后翻面（图2、图3）。

4. 土司放烤箱低温加热，抹上奶酪，将菠菜蛋饼切成土司大小，盖在土司上，再盖另一片土司，对半切开即可。

小贴士

1. 菠菜蛋液里可以加些虾皮、熟肉末等。

2. 蛋饼在锅里如果不好翻面，可先将其移至盘子里，再将盘子倒扣在锅里，煎熟另一面。

梨藕汁

梨和藕去皮切小块，加水煮10分钟，凉至温热时连同汤汁一起倒入料理机，打成汁。效果同本书P. 122 "梨藕汤"。

牛油果黄瓜三明治

早餐搭配:

牛油果黄瓜三明治＋煎蛋＋坚果＋牛奶＋绿提

■ 原料

土司2片，牛油果1个，黄瓜1根，柠檬汁、盐少许。

· 原料图

■ 做法

1. 牛油果取出果肉捣碎，加入切碎的黄瓜，挤少许柠檬汁，加一点盐，搅拌成酱（图1~图4）。

2. 将搅拌好的酱铺在土司中间，抹平，盖上另一片，用口袋三明治模具按下去（图5~图8）。

3. 去掉切下的边角，将三明治对角线切开（图9）。

火腿黄瓜鸡蛋三明治＋梨藕汤＋橙子

火腿黄瓜鸡蛋三明治＋梨藕汤＋橙子

做法：

1.土司入烤箱150℃加热5分钟，鸡蛋摊成蛋饼，用摊蛋饼的锅余温加热火腿。

2.热好的面包上依次抹上沙拉酱，放上火腿片、黄瓜、鸡蛋、番茄酱等，盖上另一片，对角线切开。

（梨藕汤做法见本书P.122）

胡萝卜红糖小·蛋糕
专门给不爱吃胡萝卜的孩子

这是一款快手又营养丰富的小蛋糕，里面添加了大量胡萝卜，可又吃不出胡萝卜的那种味道，特别适合不爱吃胡萝卜的小朋友。

■ 原料（8个人的量）

胡萝卜200g，红糖80g，植物油80g，低筋面粉100g，鸡蛋1个，泡打粉1/2小勺，苏打粉1/2小勺，肉桂粉1g（没有的话可以不放）。

·原料图

■ 做法

1. 胡萝卜擦成细丝，再切成碎末（图1）。

2. 将油和糖混合搅匀，再加入鸡蛋搅打，使其完全融合（图2、图3）。

3. 将胡萝卜碎倒进"2."中，翻拌均匀（图4）。

4.将过筛后的面粉、泡打粉、苏打粉和肉桂粉的混合物筛入"3."中，用刮刀以翻拌的手法翻拌至无干面粉（图5、图6）。

5.将面糊倒入放了油纸托的模具里，放入预热好180℃的烤箱中层，烘烤20～25分钟即可（图7、图8）。

贝果三明治 越嚼越有劲的硬面包
芝麻贝果三明治

贝果是一种硬面包圈，很有嚼头，其做法简单，可以搭配多种食物。

早餐搭配：

黑芝麻贝果三明治＋香梨＋牛奶＋混合坚果

贝果横切开，夹上切片的牛油果、煮鸡蛋，撒细盐和干香草碎，做成贝果三明治。

■ 原料（4人量）

A：高筋面粉200g，盐2g，干酵母1.5g，白糖10g，水100g。

B：蜂蜜或红糖一大勺。

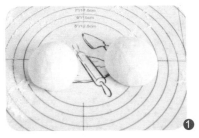

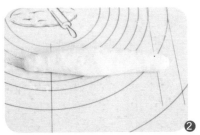

■ 做法

1. 将A料混合揉成光滑，能拉出薄膜的面团，发酵至两倍大小。

2. 将发好的面团分割成4等份，揉圆，再搓成20厘米左右的长条（图1、图2）。

3. 将长条的一头用手按扁（图3）。

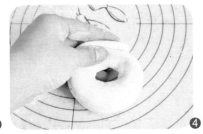

4. 将长条的两端对接、捏紧，用按平的一端裹住尖尖的一头，使面团成环状（图4、图5）。

5. 做好的贝果放在油纸上，盖保鲜膜，进行二次发酵至原来的两倍大小（图6）。

6. 锅里烧开水，放入红糖，将发好的贝果放在沸水中，每面用小火煮20秒，捞出，沥干水分（图7）。

7. 将煮好的贝果放在烤盘上，入烤箱190℃烤15分钟（图8、图9）。

小贴士

也可以在面团中加入其他原料，做成品味丰富的贝果。

牛奶炒蛋贝果三明治

早餐搭配：

贝果＋美式牛奶炒蛋＋黄瓜＋牛奶＋苹果＋
杏仁

■ 做法

1.贝果横切，抹
上奶酪，夹黄瓜片
（图A、B、C）。

2.美式牛奶炒
蛋：鸡蛋加少许牛
奶充分打散，不粘
锅倒少许油，倒入
鸡蛋小火翻炒，这
样炒出来的蛋很软
嫩，吃时撒少许盐
和黑胡椒碎。

胡萝卜小·餐包

柔软营养的小面包

早餐搭配：

胡萝卜小餐包三明治＋煎西葫芦＋红
枣梨水＋混合坚果

■ 原料

高筋面粉250g，水140g，酵母3g，盐2.5g，
细砂糖35g，无盐黄油20g，胡萝卜碎（泥）50g。

■ 做法

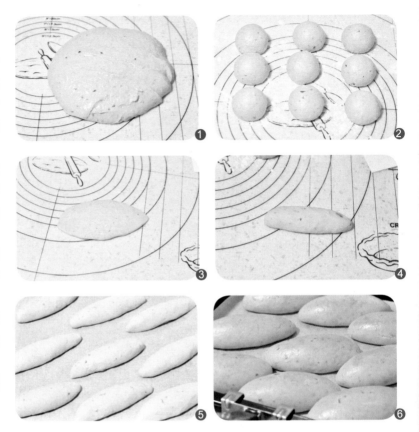

1. 将除黄油外的所有原料一起揉成团，再加入无盐黄油揉至扩展阶段，发酵至面团2~2.5倍大小。

2. 将面团平均分成9份，排气，揉圆，静置10分钟，擀成椭圆形卷起来，成橄榄状，面团含水量很大，整形时可在操作垫上洒少许干粉防粘。

3. 排入烤盘，进行二次发酵至两倍大小时，表面刷蛋液，入预热190℃的烤箱烤20~25分钟。

小贴士

1. 胡萝卜可使用生胡萝卜，也可使用蒸熟的胡萝卜，擦成泥，或擦成丝再切碎都可以。

2. 这里的水可全部或部分使用牛奶代替。

3. 这款胡萝卜小餐包含水量很大，面团比较软，手揉时非常粘手，可借助刮板将面团铲起，只要过了最粘手的那一阶段就好了，整形时可使用少许干粉防粘。

这款小餐包可直接吃，也可以夹馅做成小三明治，但如果做成三明治则做面包时适当减少糖量。

扩展阶段和完全阶段

扩展阶段：扩展阶段的面团用手撑开已经可以形成一层膜，但这层膜并不坚韧，很容易破，裂口成不规则形，如果做大部分甜面包或咸香面包时，面团揉至这一阶段就可以了。

完全阶段：揉到扩展阶段后，继续揉面，面团可以抻开特别坚韧的薄膜，有较好的延伸性（俗称"手套膜"），完全阶段的面团制作的面包组织细密松软，适合制作各类土司。

Chapter 09

早餐配菜及其他

烹饪工具　平底锅　搪瓷锅/不锈钢锅

煎龙利鱼
早上也要吃鱼

早餐搭配：
黄油煎龙利鱼＋秋葵胡萝卜沙拉＋面包＋牛奶

■ 原料

龙利鱼柳一条，姜、料酒、盐、面包糠适量。

■ 做法

1.龙利鱼柳解冻（可前一晚放入冷藏室），斜切成大块，加盐、姜丝、料酒腌3~5分钟（图1）。

2.腌好的鱼肉用厨房纸巾擦干水分，沾上面包糠（图2）。

3.平底锅烧热放黄油熔化，放腌好的鱼肉，小火煎熟（图3~图5）。

煎龙利鱼＋煮西兰花煮玉米煮土豆＋
麦片粥＋樱桃

小贴士

龙利鱼是优质的海洋鱼类，其肉质细嫩，味道鲜美，含有丰富的不饱和脂肪酸，对增强记忆力及保护视力都有益处，所以也称"护眼鱼肉"。龙利鱼只有中间一条脊骨，刺少，几乎没有鱼腥味，非常适合早餐食用。一般超市冷冻柜台都能买到。

豆皮拌黄瓜 哇，好清新好爽口

豆香混合着黄瓜的清香，是我家上桌率很高的一道小菜，配粥、馒头吃都不错。

■ 原料

豆腐皮一张，黄瓜一根，调味料适量。

早餐搭配：
豆皮拌黄瓜＋双色馒头＋梨藕汤＋青提＋
混合坚果

· 原料图

■ 做法

1. 黄瓜切丝，加盐抓匀，等黄瓜出水后挤去水分（图1）。

2. 豆腐皮焯水捞出，切成丝（图2～图4）。

3. 将黄瓜丝和豆腐皮丝放在大碗里，加盐、糖、生抽、醋、芝麻油等拌匀（图5、图6）。

鸡肉拌蔬菜 低卡路里高营养

■ 原料

鸡胸肉150g，芹菜两根，紫甘蓝少许，葱姜适量。

·原料图

■ 做法

1.鸡肉加葱段、姜片煮熟（图1）。

2.捞出鸡肉，凉凉后用刀背拍扁，用手撕成细条。

3.芹菜切丝焯水，紫甘蓝切丝（图2、图3）。

4.将芹菜、紫甘蓝和鸡肉丝放入大碗里，撒上少许芝麻，加生抽、盐、糖、芝麻油等搅拌均匀。

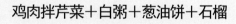

早餐搭配：

鸡肉拌甜豆＋松子＋杂粮米糊＋饼＋蓝莓干＋芒果＋奶酪

鸡肉拌芹菜＋白粥＋葱油饼＋石榴

海带拌香蕉西葫芦

别拿海带不当海鲜

香蕉西葫芦是外形似香蕉、果皮为金黄色的西葫芦，味道微甜清香，适合生吃。

早餐搭配：

海带拌香蕉西葫芦＋奶黄包＋豆浆＋猕猴桃

· 原料图

■ 原料

海带200g，西葫芦1根，葱、蒜适量。

■ 做法

1. 西葫芦切丝，加少许盐抓匀，5分钟后西葫芦会出水，挤去部分水分（图1）。

2. 海带丝清洗干净，放入沸水中煮3～4分钟捞出（图2、图3）。

3. 西葫芦丝和海带放入大碗里，

摆上切碎的葱、蒜，加入盐、糖、生抽（图5、图6）。

4.另起一锅烧热油，将热油浇在葱蒜上，拌匀即可（图7）。

金枪鱼蔬菜沙拉 零厨艺无油烟

金枪鱼也叫鲔鱼、吞拿鱼，是一种海洋鱼肉。金枪鱼肉质柔嫩，低脂肪、低热量，同时含有优质蛋白及丰富的DHA等多种营养成分，对脑功能发育、增强记忆力具有重要作用。国际营养组织把金枪鱼推荐为世界三大营养鱼类之一。

天气越来越热，早上不想开火时就把所有原料放进大碗，拌一份沙拉，配面包牛奶，简单清爽又营养。

早餐搭配：

金枪鱼苦菊沙拉＋葡萄干辫子面包＋猕猴桃＋混合坚果＋牛奶

■ 原料

苦菊一把，小番茄六个，金枪鱼罐头半罐，牛油果半个，煮鸡蛋一个。

调味：柠檬汁，橄榄油（或沙拉酱）。

·原料图

■ 做法

1. 苦菊洗净甩干水分，撕小朵，小番茄对半切，牛油果切片，鸡蛋切八瓣，金枪鱼肉沥干水分（图1、图2）。

2. 将所有原料放入大碗里，加柠檬汁和橄榄油拌匀（图3、图4）。

小贴士

并不是所有的罐头类食品都含有大量添加剂。鱼类罐头一般是采用远洋渔船直接捕捞的冻鱼加工的，保鲜是利用高温物理灭菌，真空包装。在北方内陆城市，一般比市场上买的还要新鲜，营养成分保存得更全面。

选购时尽量选择大厂家生产的，看清配料表。我一般选购"泉水浸金枪鱼""油浸金枪鱼"，成分都只有鱼肉、水、油。

百香果酱&草莓酱

家庭自制果酱

百香果酱

百香果也叫西番莲、鸡蛋果，常食对人体有助消化、祛痰、提神醒脑、镇静止痛等功效。

■ 原料

百香果肉300g，白砂糖150g，柠檬汁适量。

■ 做法

1.用锋利的刀划开百香果壳，将果肉取出，加糖腌2小时（图1）。

2.把腌好的果肉倒进搪瓷锅里，中小火一边熬，一边搅拌，直到泡沫变少，果酱变得浓稠通透时，加入柠檬汁煮半分钟，关火（图2、图3）。

3.将果酱装入干净干燥的瓶子，盖上盖子，倒扣凉凉后，放入冰箱冷藏。

4.熬好的果酱可以冲水喝，抹面包，也可以在榨果汁、做冰淇淋、做面包时加入，增加食物的风味。

草莓酱

■ 原料

草莓500g，白砂糖250g，柠檬汁少许。

■ 做法

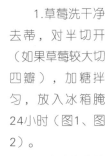

1.草莓洗干净去蒂，对半切开（如果草莓较大切四瓣），加糖拌匀，放入冰箱腌24小时（图1、图2）。

2.腌过的草莓会出很多水，连同汁水一起倒入搪瓷锅/不锈钢锅里，大火煮沸，用中火一边煮，一边搅拌，直至黏稠，加入少许柠檬汁搅拌均匀，趁热装瓶，将瓶子倒扣凉凉（图3~图5）。

小贴士

1.用草莓酱的熬制方法同样可以做蓝莓酱、杏酱、苹果酱等。

2.果酱的保存：做好的果酱可以保存半年到一年时间。装果酱的瓶子一定要干净干燥，最好用沸水煮过再凉干；将果酱趁热装瓶，并倒置。果酱一旦开封，就需尽早食用完。

茄汁黄豆 酸酸甜甜就是我

含有大量优质蛋白的黄豆与番茄搭配在一起，不仅营养丰富，还酸甜适口，深受孩子们喜爱。番茄还含有抗氧化成分，能抵挡紫外线的辐射。不管是配米饭馒头，还是面包培根，都是很好的搭配。做的时候多做一些，密封冷藏，早餐冷食加热均可。

■ 原料

干黄豆100g，西红柿四个，淀粉一小勺，植物油一小勺，盐1g，糖5g。

· 原料图

■ 所需工具

汤锅、电饭锅、压力锅均可。

■ 做法

1.干黄豆加水泡12~24小时，室温高时可放在冰箱冷藏浸泡（图2）。

2.将泡黄豆的水倒掉，用清水冲洗两遍，放入锅中，加足水，大火煮开，加盐和糖，小火煮约1小时，使黄豆煮熟变软，水

分也减少至不能没过黄豆，如果用压力锅则可节省时间（图2）。

3. 番茄去皮切成小块再剁碎，加入黄豆一起小火煮（图3）。煮至番茄成酱，其间不停搅拌以防糊锅。这时淀粉用少许凉水调开，加入番茄黄豆中搅匀煮开（图6），滴几滴柠檬汁关火（图7）。

4. 留出要吃的部分，剩下的趁热装入干净的玻璃瓶中，盖上瓶盖倒扣凉凉，放冰箱保存，可保存两周左右。

早餐搭配：

牛奶面包＋茄汁黄豆＋煮西兰花煮鸡蛋＋绿豆汤＋山竹

土司＋茄汁黄豆＋煮芦笋＋煎蛋＋牛奶麦片＋杏仁＋提子